T CHOICE ★ EDBA 擎天商學院 ★

N的秘密

The Secret Of Niche

亞洲八大名師首席

王擎天 / 著

推薦序 我不是奇葩！他才是！

我與擎天兄相識於高中時期，我們是建中高一 24 班同班同學。他坐我旁邊，我當時因為廣泛做了各版本參考書的題目，所以考試時很多題目看到就已經知道答案了（這是否代表命題老師不負責任：考試命題都直接去抄參考書的題目？），數學一科幾乎都考滿分，因而被譽為奇葩！但後來大學聯考數學一科我只考了 92 分，同屆的數學高手沈赫哲也沒有考滿分，反而是王擎天數自與數社都考了滿分，他的歷史與地理也考了滿分，轟動當時啊，所以其實我不是奇葩！他才是！

原本我以為像他這樣的數理資優生，應該是讀醫科的料，但沒想到他在高二時，因對文字創作更感興趣，為了主編校刊與其他刊物（還說將來要開出版社），竟然選了社會組就讀！

在種種條件的限制下，擎天兄仍帶領團隊排除萬難，出版了象徵建中精神的《涓流》等刊物，證明了人定確可勝天，也足見其文學造詣不凡，不愧為當年紅樓十大才子之一。

大學畢業服完兵役後，我們都找到了機會出國深造，身處美國的東西兩岸，擎天兄學成後即返台服務，我則留在美國繼續發展。前幾年我們因緣際會又見了一次面，也了解了他的近況，當年那位傳奇的熱血青年居然真的投入了出版事業，憑著一支手與一隻筆，他將昔日的夢想實現了。我們都知道，追求熱愛的興趣需要勇氣，要放棄天賦異稟的才能卻需要更多勇氣；然而，尤為可貴者，擎天兄自理想與現實中取得了平衡點，將興趣、專長相輔相成。

擎天兄不遺餘力地投入知識服務文創產業，他將文化創意結合所長的數學邏輯，因此字裡行間處處可見他那高人一等的理性思維，文中的觀點獨樹一格，卻又不流於標新立異。一本著作能擁有這般的深度、廣度與效度，不可不謂是內容傳播事業中又一場的華麗。時至今日，擎天兄擁有台大經濟學士、美國加大MBA與統計學博士的高學歷，更榮登當代亞洲八大名師與世界華人八大明師尊座。但即使在諸多響亮頭銜的包圍下，他仍不曾懈於對知識文化的耕耘，如此多元的學識背景，加之對世間人事物的關懷，令他筆下的辭藻猶如浴火的鳳凰般直衝天際，在他宏偉抱負的感召之下，我們果然看到：文字的力量已為這個社會帶來了全新的氣象。

如今的他，不僅已是財經培訓與教育界的權威，在非文學領域的創作上更佔有一席之地。他對大千世界傾注了全部的熱情，並且善於微觀這個大而複雜的天地，也樂於分享自己從生活中覓得的寶藏。熱愛學習的他，更是熱衷於向大師取經學習，總是不遠千里赴中國、美國上了不少中外名師的課程與講座，有幾次他在美國的行程還是我接待他的。聽聞擎天兄在台灣開辦如何揭露成為鉅富的秘密課程——擎天商學院系列佳評如潮，轟動培訓界，為嘉惠其他未能有幸上到課的讀者朋友們，於是與出版社合作將這些經典課程文字化，推出這一系列秘密套書，是融合其多年的實戰驗證確實有效的精華，價值數百萬以上。跟著擎天兄這樣的大師學習全球最新的知識，跟上時代趨勢的腳步，無論您是才剛起步或已上軌道，擎天商學院都能助您攀向巔峰！祝福各位了。

永遠的建雛

站在巨人的肩膀上 卓越超群

自26年前至6年前，台灣補教界傳奇名師王擎天博士，以其「保證最低12級分」的傳奇式數學教學法轟動升大學補教界！同時王擎天博士前後於兩岸創辦並成功經營了共計19家文創事業，期間又著書百餘冊，成為兩岸知名暢銷書作家。但最為傳奇的故事仍是王博士5年前成立王道增智會投身入成人培訓志業，王道增智會下轄十大組織，其中「擎天商學院」共有30堂秘密系列課程，上過此課程的會員均稱受用匪淺、受益良多！尤其負責行銷的業務人員、創業者與經營事業者均有醍醐灌頂之感，有效幫助他們在事業上的成長，可謂上了這30堂秘密系列課程之後，勝過所有商學院事業經營系學分之總合！

雖然商學秘密系列內容豐富且實用而深受學員歡迎，然而這30堂秘密系列課程是只限王道弟子級會員能報名學習的，更令人可惜的是王道增智會僅收五百人。以致於即使佳評如潮，推薦不斷，受惠者也只有王道的弟子級會員。因實在是太可惜與可貴了，敝社於是和王博士情商合作，由總編輯親率編輯團隊與攝錄製團隊，花費兩年時間，全程跟拍擎天商學院全部秘密系列課程，出版了整套資訊型產品：包括了書（紙本與電子版）、DVD、CD等影音圖文全紀錄，以書和DVD的形式來嘉惠那些想一窺30堂秘密課程的讀者們，才有了這套書的產生！

同時本秘密系列套書也是王博士送給子女最寶貴的傳家之寶，礙於王博士常年事業繁忙，女兒在美國杜克大學留學，兒子在攻讀研究所，與其子女相聚時間甚少，王博士希望能將自己畢生所學的商業知識及智慧親授給他的子女，更是毫無私心地傾囊相授他的心血經驗，傳承意味濃厚，更願傳予有緣同道者珍藏，一窺其堂奧。

這本《N 的秘密》是王博士根據多年來的教授經驗以及市場觀察，發現不管是在職場，還是商場，舉凡能夠成功的人，都是因為他們在各自的領域上，具備著關鍵的核心競爭力，使他們能在眾人之中脫穎而出、不被取代。

奇異電器前執行長傑克·韋爾奇（Jack Welch）曾說過一句話:「如果我們沒有競爭優勢，就不必去競爭，在每個市場之中，若無法成為第一名或是第二名，我們就會退出那塊市場。」在他領導之下的奇異公司也確實締造出傲人的成績，公司連續 12 年都獲利成長，更成為擁有資本額 500 億美元規模的跨國企業，獨占鰲頭。

傑克．韋爾奇的成就在現今如此競爭激烈的時代，尤為發人深省。他明確的點出，若想在無比競爭的環境下生存，無論是企業或是個人，你如果沒有競爭優勢，那你勢必無法獲得成功，甚至會被競爭的浪潮擊退在市場之外。因此，若想在市場或是職場上佔有一席之地，你不僅僅要認清競爭這殘酷的本質，更要找出你或企業可以致勝的「利基」（Niche），全力發展核心競爭力。

現今，你我都應當要將核心競爭力視為不可或缺的特點，試著找出個人專長或天賦，如果沒有也沒關係，那就去學習、去培養。將其視為自己的核心能力，全神貫注地加強、再加強，直至你成為該領域、該市場中的佼佼者；如此一來，你就不用擔心被輕易擊倒，成功取得自己的競爭優勢。

許多白手起家的成功人士也都表示：「成功最快的途徑，就是將天賦、特長轉化成核心能力，進而創造出不同的價值，可能是創新的產品或是服務，使你能賺錢過好日子。」

是的，當你將天賦、特長轉化成賺錢能力時，你便會把工作視為興趣，全心全意地投入，工作起來格外輕鬆，因為這就是你所擅長的。別人把每天長時間的工作視為沉重的壓力，反而容易造成身心上的負荷，被壓得喘不過氣來；但你卻能每天投入十幾個小時，甚至花費更多的時間專注於工作上，努力地追求自己的興趣與理想，絲毫不受影響，而且是樂在其中。所以，你自然能持續領先，始終跑在前頭、拔得頭籌。

因此，不管是企業還是個人，都應該認清且培養自己的核心競爭力，找到利基，才能創造新優勢；如此一來，你就能出類拔萃、卓爾不群。倘若你還不懂得培養，那就趕緊翻閱下一頁，由王博士帶你找出關鍵的競爭力，成為競爭場上的稱霸者，立足於不敗之地！

目錄

推薦序／我不是奇葩！他才是！ 2

前言／站在巨人的肩膀上卓越超群 5

Niche 1 找出「利基」，找出決勝點

1-1 你認識自己嗎？你屬於哪種人？ 12

1-2 何謂利基 21

1-3 懂得借力拓展你的競爭力 37

Niche 2 妥善使用「利基」，創造自我價值

2-1 破除邊界化，用創新找出新價值 48

2-2 從紅海脫穎而出，打造你的藍海市場 59

2-3 利基讓你成為最終的贏家 70

Niche 3 你的「利基」＝你帶給企業的優勢

3-1 將利基發揮於工作，與企業同步成長 84

3-2 你是拉著團隊奔跑的火車頭 97

3-3 用你的利基，帶動公司的競爭力 113

3-4 用充分的熱情和準備，展現競爭力 123

THE SECRET OF NICHE

Niche 4

「利基」讓你 不被任何人取代

4-1 將一切的不可能轉化為可能 136

4-2 創新，讓你的利基不斷升級 146

4-3 成為公司不可替代的核心成員 159

4-4 不滿於現況，讓自己持續卓越 171

企業也能靠「利基」 擦出勝利火花

5-1 找出企業的寶藏：利基（Niche）184

5-2 透過戰略佈局，提升競爭優勢 194

5-3 站穩腳步，強化企業競爭力 206

當「利基」遇上 SWOT 分析

6-1 強化優勢，鞏固領先地位（S +） 216

6-2 改善劣勢，找出任何機會（W － O） 224

6-3 面對劣勢，克服外在威脅（W T） 231

6-4 運用優勢，善用任何機會（S × O） 241

6-5 加強優勢，克服可能威脅（S × W） 249

Niche 1

找出「利基」，找出決勝點

The Secret Of Niche

Niche

你認識自己嗎？你屬於哪種人？

一型人、I型人、T型人、X型人、π型人

你要做哪一種人呢？一般我們可將人劃分成五種不同的類型，分別是：一型、I型、T型、X型以及π型，根據他們的能力、專長來判斷分類。下面將對五種不同類型的人進行介紹，讓你更了解自己屬於哪一種人，而又該如何調整、完善自己。

「一型人」，橫的一畫顧名思義就是只有一條線，這類的人僅具備平直化的知識。譬如，在高中時我們都有學過國文、英文、數學、地理、歷史、公民、物理、化學、生物等科目，而所有科目都學得還差強人意的人，就是所謂的「一型人」。這類型的人沒有其他特別厲害的專長，他可能對所有知識都略有了解，看似學問廣博，但如果你細問一些問題，他們卻答不出來，因為他們所具備的學識是淺薄的，雖然都大概瞭解，卻沒有專精的領域或專長；這類的人可能善於吸收別人的精華，但沒有獨到的見解和思想，對知識的掌握還侷限在理解的階段。因此，如果你屬於這類型的人，就要想想該如何完善自己，找一些特點來加強或學習其他的專業，不然一型人在社會競爭中，很容易被取代，甚至是被淘汰。

第二種人是「I型人」，也就是直線型的人，這類型的人，他們有一項專業或某一專業領域非常優秀，但其餘的就不求甚解了，甚至可以說其他學識都很爛。我從1991年到2011年間都在補教界教書，當時的合作夥伴就是創辦「飛哥英文」的張耀飛老師，我和他合作了二十年，一起共事多年，我非常了解他。飛哥就歸類於現在介紹的「I型人」，英文就是他的超強項、專業，其他像數學、歷史、地理、物理、化學……等科目，他全都不在行，甚至是完全不了解。而且，雖然他是補習班的老闆，但如果你想跟他聊聊經營企業的商業模式（Business Model）等等，那也是不可能的，因為他對這些不是那麼了解，通常都必須由我向他解釋，他就是典型的「I型人」。

我自認為自己已經很會賺錢了，但他的平均收入是我的六倍之多，因為他的英文很強，所以能用這一專業成為補教界名師，形成自己的品牌——飛哥英文，使他的收入非常高，遠高於我！

而如果將一型人和I型人二種特徵結合起來，就是接著要談的第三種人——「T型人」。T型人是按知識結構區分出來的一種新型人才類型，用字母「T」來表示他們的知識結構特點，「一」表示具有廣博的知識面，「I」則表示知識的深度；這類型的人不僅在橫向上具備廣泛的知識修養，在縱向的專業知識上，也具有較深的理解能力和獨到見解。

簡單來說，T型人從小學、國中、高中，到大學，每科成績的水平都很不賴，但也可以找出一個很強的科目來發展。

T型人若再進化就會成為「π型人」，也就是你擁有廣博的知識，又有二門特別強的科目，我自己就是以 π 型人作為人生目標。世界上當然也有更厲害、更棒的人，擁有二到三個專長，他的人生充滿著希望，但為什麼會充滿希望呢？在這裡，我要糾正你一個觀念，很多人都認為要不斷「補強」自己的人生，其實這是錯的。大家通常都誤會了人生這件事，總認為將自己不懂、較弱的部分進行補強、改善，人生就能產生改變，有新的方向；但我要告訴你，錯了！若你一直這麼做，你的人生是不會改變的。那到底該如何改變自己的人生呢？答案是，你必須把原本就很強的優勢變得更強，就像I型人或T型人一樣，不斷地加強你的優點或專業。如果你認為賺很多錢就是成功，那對你來說，飛哥他就是一位成功的人，值得你效法；他的英文超級強，即使已身為一位英文老師，他仍堅持每天晚上讀英文，其他學科或專業都不管，他老婆甚至說他是個生活白癡，但他一點也不在意，還是只專精於英文。所以，請記住，若想改變人生，並不是把自己的弱勢加強，而是要把自己原本最好、最強的部分，變得更強；這樣你才能在那個領域裡，贏過大多數的人，成為佼佼者，形成你自己的「利基」（Niche）。你一定會問我什麼是「利基」？我將在下一節進行說明。

再來是最後一種人——「X型人」，這類型的人一般較少人提及，但其實他們也是一個很必要的存在；X型人沒有廣博的知識，卻有二個很強的專業知識，也就是有二個直豎的專精，但缺乏橫向的部分。以我為例，我就是X型人的代表，目前共出版過二百種書，曾有間出版社邀請我寫一本有關於教人如何出書、寫作的書籍。這本書順利出版後，某次書商到學校去推銷，有位老師看到作者的名字，就說：「這不是我的數學老師王擎天嗎？他怎麼會出教人如何寫作的書呢？」你們猜猜書商是如何跟那位老師解釋的？他們跟他說，王擎天老師屬於X型人，具有兩大專長，不僅在數學專精，閱讀寫作方面也是一等一。

所以，每個人都應該把自己的興趣、熱情加強再加強，讓專長成為你的利基（Niche），如此一來，你才能贏過任何人。

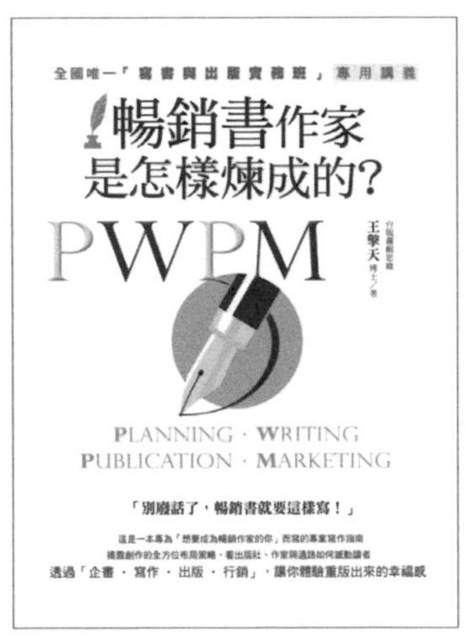

▲身為X型人代表，不僅數學專精，連寫作也很在行。

五種類型分類表

	定義	優點	缺點	建議
一型人	無特定的專長，對基本知識都有一定瞭解，但僅限於淺薄面，無法提出較深入的見解。	對基本知識具備一定的瞭解，所以能做出基本判斷，可再另外尋求事業上的協助。	學識面較為淺薄，無法有效發揮，需要依靠他人的協助。	從原有的知識層面中，找尋出較有興趣的部分與熱情之所在，深入學習及加強。
I型人	指在某個專一領域中具有專精技術的人才。	通常是此領域中的佼佼者，不容易被取代。	當大環境與趨勢發生驟變時，其專業能力可能遭到淘汰。	除不斷加強原有專業外，也可試著朝其他相關領域或工作，找出其他興趣發展。
T型人	在橫向上具備廣泛的知識修養，在縱向的專業知識上，也具有較深的理解能力和獨到見解。	可結合橫向知識層面，有效發揮原有技能。	當大環境與趨勢發生驟變時，可能較難找到第二舞台發揮專長。	除專一特長外，可再向外擴展相關技能，朝π型人發展。
π型人	指至少擁有兩種專業技能，又懂得領導、管理知識的人；其博學多聞，是能融會貫通的高級複合型人才。	精通雙專業，且其他知識也很廣博，能充分運用。	因具備較高的學識及專業能力，所以較不易於與別人合作，無法與他人的專業互相整合、發展。	可試著整合自身兩種專業能力或發展第三專長，並多跟他人相處、擴展彼此的專業能力，創造雙贏。
X型人	掌握兩門專業知識，這些知識之間又具有明顯交叉點，能將其結合的人才。	精通雙專業，且中間有交點，可將兩種專業進行整合。	僅精通個人專業部分，對於其他知識較淺薄，所以競爭力可能稍嫌不足。	適合做兩種專業交叉結合的工作，可發揮綜效。

不僅僅滿足於T型人，更以π型人為目標

一般人都會以T型人為目標發展，有廣博的知識層面，又具備某領域專業的技能。但現今社會競爭激烈，倘若你只以此為目標，在競爭中雖不至於被淘汰，但仍有可能在起跑線上輸人一截。

鴻海董事長郭台銘曾說：「一步落後，步步落後；一招領先，招招領先。」從拓展教育至今，我們所賦予大學的職能，主要是培育學術與高級專業人才，不僅提供高階的知識傳授，也根據其專業科目進行深入的專業化教育。但通常都會根據世界趨勢的發展，並對各行各業的人力需求進行評估，學校再依照各市場需求，為學生規劃相關的專業化課程；而學生畢業後，能直接按其專業方向「對口就業」，體現高等教育的基本運作。

但科技發展快速，市場上多重學科交叉整合、綜效型的需求日益增強，當今任何產業，無一不是多學科交叉、整合才得以穩固並發展。因此，光靠學校主觀性的評估已不足夠，所謂計畫往往趕不上變化正是如此；當學生剛進入大學就讀時，其選擇的科系在市場上可能一片看好，市場需求可能很高，但離他畢業還有四年的時間，誰能替他保證畢業後，市場結構仍跟入學時一樣呢？沒有人能準確預測出未來發展的動向，因此，如何培養出高優質的「複合型」人才，滿足市場趨勢發展的需要，是每個人都該思考的課題，以促成高等教育更深層次的變革。現今已有許多國家的教育界紛紛摒棄專業化教育模式，將高等教育轉移到提高國民整體素質上，思索著如何實施複合型教育，以泛出綜效。

二十一世紀是資訊爆炸、知識經濟的時代，隨著經濟全球化、技術一體化及國際化的浪潮不斷地加劇，未來最受市場歡迎的人才應當是一專多能、多專多能，不僅專業和知識要能夠複合，對綜合能力的要求也較高。因此，T型人已不能滿足現今的市場需求，唯有複合型人才能受到歡迎；所以，你更應將自己進化成 π 型人，而非僅僅滿足於成為T型人。那又該如何讓自己成為 π 型人呢？根據《π 型人—職場必勝成功術》書中，有大致提出成為 π 型人的五個具體建議如下：

充實基本知識

懂得各領域的基礎知識，才有足夠的能力學習更高階的知識。唯有先用基礎知識建立起穩固的地基，你才能搭蓋出高聳入雲的專業知識大樓，進一步向外拓展，形塑出綜效。

精通第一專長

切勿一次學習過多的專長，若在技能尚未充實的情況下，就一味地接收新資訊，不僅得不到效果，還可能造成反效果。所以，應該先加強原本就很強的部分，不斷精進，如同前面所提到的飛哥，他雖然英文能力已經超越很多人，但他仍不斷進修，加強自己的英文實力，大量閱讀各類英英字辭典以增加英文單字量，追求強還要更強。因此，你要徹底熟悉已頗專精的知識與技能，並深入理解該專長的重要概念與內容。

學習第二專長

你可以透過一些進修課程或公司提供的研習課程，例如：社區大學、學分班、王道培訓系統……等，來學習並訓練你的第二專長，為自己帶來更高的附加價值，讓你在市場中不被淘汰或輸人一截。

貫通兩大專長

當你已有兩個專業技能後，除了不斷精進外，你還要想想兩者間有什麼可整合之處？就如同X型人，他們也具備著兩項很強的專業，雖然不像T型人具有廣博的知識，但他們卻能將這兩項專業結合，找出更大的市場；更何況你擁有比他更廣博的知識，你絕對有能力找出兩者的共性，充分地融會貫通，甚至找到兩者的共通點與互補處發展成為你的第三專長。

尋找發揮舞台

當你具備專業技能後，要有足夠的舞台能讓你發揮，所以不管你是自行創業的獨立個體還是企業中的員工，你都要積極尋求機會，向外擴展尋求更大的舞台，爭取更有挑戰性的事務，讓自己的長才能夠發揮，回饋於社會，成為亮眼的一顆星，發光發熱。

人才類型架構圖

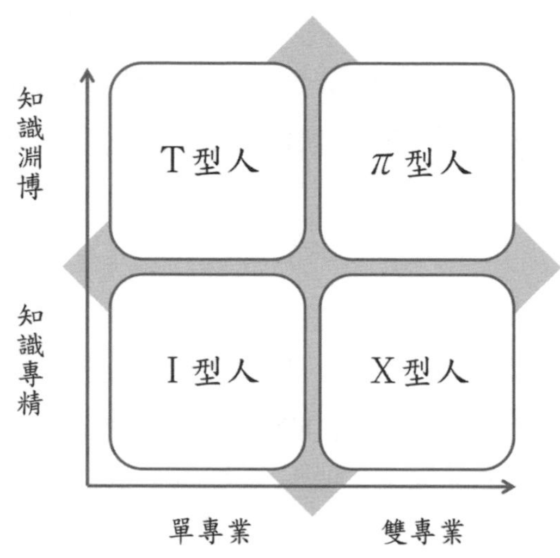

日本著名管理學家大前研一就是「π型人」的代表人物，他在麻省理工學院時獲得核能工程博士學位，後來進入麥肯錫管理諮詢公司（McKinsey & Company），歷任日本分公司總經理、亞太地區董事及總公司董事。而他在π型中的第一專長是工程學，第二專長則是經營管理；雙專長的優勢使他在企業管理顧問的工作上無往不利，且洞悉事理的過人能力，也造就他日後成為管理大師及暢銷財經書籍的作者。

其實只要具備多樣化的能力，便能在市場中找到屬於自己的立足點，也就是你的利基，不用害怕被競爭的浪潮吞沒；因此，你不能僅滿足於T型人，更要以π型人為目標。

1-2 何謂利基

利基（Niche）

這本書叫《N的秘密》，你第一眼看到書名可能覺得一頭霧水，「N」是什麼？是數學裡的自然數「N」嗎？你可能會很驚訝我又要教數學了嗎？很遺憾，這裡的「N」是指「利基（Niche）」我只是取開頭第一個字母作為書名罷了，但我可能意外地擄獲了對數學有興趣的人購買此書。這個字詞源自於法文，先前我在上「借力與整合的秘密」的課程時，有邀請一位重量級貴賓——劉毅老師，他是補教業的超級名師。在課程進行途中，我請他跟學員們解釋什麼是「Niche」，但他當下並沒有解釋出原意，這是可預期的結果，因為這個字詞源自法語。

法國是信奉天主教為主的國家，英國則是基督教為主，而美國最早屬於英國的殖民地，所以英、美兩國都是基督教國家。基督教是經由宗教改革演變出的新教；天主教是舊教，法國、西班牙、葡萄牙以及義大利這些國家它們主要都信奉舊教。舊教地區的住家門外都會有一個地方用來放置聖母瑪麗亞的雕像，而這個擺放的位置就叫「Niche」，之後這個說法則衍生為佛像的位置；印度因為受到歐洲強國先後的殖民統治，所以當地人也將每個人的位置稱為「Niche」。

如果有一天，你到敦煌石窟（甘肅西邊，接近新疆）、雲崗石窟（山西北邊，近蒙古）這兩個地方遊歷，你心中可能會有一個疑問，為什麼這兩個地方會有這麼多的石窟呢？這是因為古代商人走西口或絲路，前往蒙古或西域做生意時，都會經過這個地方，然後向這裡的菩薩祈求說：「請菩薩保佑！我出關做生意若能賺到大錢，一定再為祢刻一尊更大的佛像。」之後，不管是賺大錢還是賺小錢，商人們都會刻個佛像感謝菩薩的保佑；所以，那邊自然而然就有幾萬尊的佛像，石窟也因此越來越多。這也代表過去中國，在西域、蒙古經商賺錢的人很多，我們可以從中看出歷史刻痕，但時間久遠，難免偶而會有尊佛像掉下來，這時就要把它放回它原來的位置（Niche），每尊佛像都有它應該存在的位子，因此Niche又衍生為人一生之中存在的位置。在現今社會激烈的競爭當中，你也要有屬於自己的位置，但你的位置該從何而來呢？你又要如何坐穩這個位置呢？自然得從你的核心競爭力下手。通常一般人總會有某個領域是特別強的，不管你特別會跑，特別會跳，還是特別會唱歌，一定有一個較為突出的特點，但要是你真的沒有特別強的本領，至少要有相對強的，不一定要絕對強！

倘若你實在不知道自己的利基點在哪裡，不妨去摸索一下，看看有哪些事物是你有興趣且有可能專研的，如同上節所提到，一個人總要想辦法去找出自己的特點，才不會輕易被淘汰。利基需要你自行創造、強化出來，它不一定是你與生俱來，更不可能是天上掉下來的禮物，仔細想想自己有哪些利基，萬一都沒有，那就去培養吧！

個人核心競爭力

其實「利基」簡單來說，就是所謂的核心競爭力，指個人能以自身的知識技能為基礎，能不斷地學習，創新並整合可利用的資源，為公司或個人帶來利益，且不易被競爭對手仿效，具有持續競爭優勢的特性；其目的就是要增強個人的競爭優勢，讓別人無法取代自己，成為某領域的第一名、佼佼者。

一般來說，個人核心競爭力由人生定位、資源與能力、行動此四大要素構成。

人生定位

就是你想成為什麼樣的人。它擁有三層含意：你是誰？你想做什麼？你能做什麼？

資源

包括知識儲備（記憶體）和人脈（外存）。知識儲備是指個人所掌握的知識和資訊總量，所達到的學經歷水平；人脈是指個人所擁有社會人際關係。

能力

包括語言表達能力，資訊處理能力，問題解決能力，人際交往能力，組織管理能力，領導能力及公眾演說能力等。

行動

主要是指系統思考和自我超越。

而個人核心競爭力的四大能力結構分別是：天賦力、學習力、創造力、自制力。

天賦力

運用天賦而發揮出來的創新能力。

學習力

把知識資源轉化為知識資本，以獲取和保持競爭優勢的狀態和過程。

創造力

指能夠提出具有創造性的方法及解決問題的能力。

自制力

能夠完全自覺、靈活地控制自己的情緒，妥善調節支配自己的思緒和行為的能力。

你可以根據上面的四大要素及四大能力結構，從中找出並穩固自身核心競爭力的方法。當然，你也可以參閱我所出版的秘密系列書籍，像前一本《公眾演說的秘密》，就能讓你提升核心競爭力各大要素中的其中一項——對眾演講的能力；而我也會陸續開設其他系列課程，教導我的學員有關個人價值的提升以及成功的秘笈。如果真的不能做到第一名，那你也要竭盡所能地讓自己更好，對自己付出的努力問心無愧才是最重要的。記著：沒有更好！只有最好！

現在讓我們看看龜兔賽跑的故事，你可能已看了不下數次，但這仍是值得一看再看的好故事，讓你我從中得到反思及啟發。

第一場比賽……

某次，烏龜和兔子在爭辯誰跑得快，決定比賽分出高下，牠們選定路線後，就直接開始比賽。

兔子帶頭衝出，奔馳了一陣子，見自己已遙遙領先烏龜，便心想：反正烏龜爬得慢，可以先在樹下坐一會兒，稍微放鬆一下再繼續比賽。然後，兔子便坐在路邊的樹下休息，很快地就睡著了。

而一路上慢手慢腳爬來的烏龜，就這樣超越了熟睡的兔子，率先抵達終點，成為冠軍；兔子一覺醒來，才發現自己已經輸了。

第二場比賽……

兔子因為輸了比賽倍感失望，覺得十分不服氣，為此牠做了深深地反省。

牠很清楚，之所以會失敗全是因為自己太有信心，過於大意、散漫；如果牠不要認為勝利是理所當然，烏龜絕不可能獲得勝利。

因此，兔子再次向烏龜提出挑戰，烏龜也同意再比一場比賽。這次，兔子全力以赴，從頭到尾都沒停過，一口氣跑到終點，領先烏龜好幾公里，獲得了勝利。

第三場比賽……

這下輪到烏龜自我反省了，烏龜很清楚，按照目前的比賽方法，牠絕不可能擊敗兔子。於是，牠思忖了一會兒，然後向兔子再發出另一場比賽，但這次烏龜提出要在另一條稍微不同的路線競爭，兔子也欣然同意。

由於記取第一場比賽的教訓，兔子要求自己從頭到尾都不能偷懶，牠飛馳而出，奮力奔跑。

直到……看到一條寬闊的河流，而比賽的終點就在河的對岸。兔子呆坐在那裡，不知該如何是好，因為牠根本不會游泳。不久，一路姍姍而來的烏龜也抵達了，牠不假思索地跳入河裡，快速地游到對岸，繼續爬行，完成比賽取得勝利。

第四場比賽……

這一回，兔子和烏龜成了惺惺相惜的好朋友，一同進行檢討，牠們都很清楚，在上一場的比賽中，其實兩個都可以表現得更好。

所以，牠們決定再比賽一場，但這次是以團隊合作的方式進行。牠們一起出發，由兔子先扛著烏龜奔跑，一直跑到河邊；到河邊，則換烏龜接手，背著兔子過河，抵達了河對岸，兔子再次扛著烏龜，牠們一起抵達終點，並列第一！

且到達終點的時間比前幾次都要快，牠們內心都感受到一股強烈的成就感。

再次閱讀龜兔賽跑的故事，你得到什麼啟發？其實這個故事跟我們所提的核心競爭力有著很大的關係。首先，牠們都在比賽中找出自己的劣勢跟優勢，並且強化了自己的優勢取得勝利，這就是我們一再強調的：「你要不斷的加強你的專業或是長才，唯有不斷強化你的利基，你才能強中更強。」而最後一場比賽，牠們選擇互相合作的方式來完成，這不就跟我們上節所提到的 π 型人有很大的相關嗎？π 型人雖擁有專業和廣博的知識，但這類的人卻缺乏與人合作的意識，若 π 型人能與其他人一同合作，互相擴展彼此的能力，那結果勢必會更加完美；就如同龜兔賽跑一樣，最後一場比賽的成果讓牠們喜不勝收，有著莫大的成就感。當然，在提升競爭力的時候，也有一些策略方向是你可以參考的：

找準人生定位

人生定位的六大策略就是：價值觀導向；興趣與天賦相結合；市場細分；差異化（個性化）；不是第一，就是第二；結果思維。

提升內在

提升內在的方法就是學會自我控制、提升創造與創新能力並且不斷地學習。

擴大外存

擴大外存的方法則是確認人脈資源，有效管理名單，隨身攜帶名片，並掌握人際交往的五大原則：要與人不斷交往；建立守信用的形象；提升自己可利用的價值；樂於與別人分享；學習關懷別人，把握每一個幫助別人的機會。

試想自己有哪些利基，像智慧的資源（獨到的想法或做法）、人力資源（天賦異稟或經驗豐富）、財務資源、人脈資源……等等，如果這些你都沒有，那就趕快去培養，循著你的興趣、嗜好去尋找，充滿熱情地去建構。

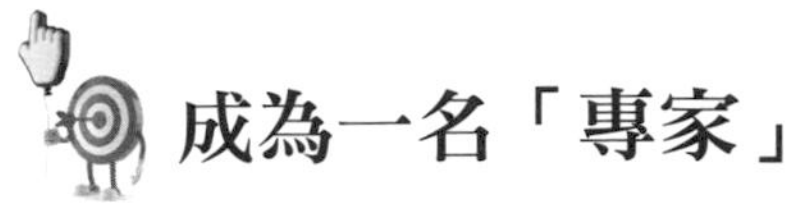

成為一名「專家」

「無論從事什麼行業，都應該徹底精通它。」讓這句話成為你的座右銘吧！下決心掌握自己專長領域內的所有問題，讓自己變得比他人更精通。如果你想成為這個領域的行家，那就請精通此工作全部的業務，為自己贏得良好的聲譽，也藉此擁有一種別人打不倒的秘密武器。以色列有一則寓言說道：

一天，克爾姆城裡有一名補鞋匠殺了一名顧客。於是，他被帶往法庭審判，法官宣判將他處以絞刑。但就在判決宣佈之際，一位市民站起來大聲地說：「法官大人，被您宣判死刑的可是城裡的補鞋匠呀！城裡就只有他這麼一位補鞋匠，如果您把他絞死，以後誰來替我們補鞋呢？」

克爾姆城的市民這時也異口同聲地附和。法官贊同地點了點頭，於是他重新進行判決，說道：「克爾姆的市民們，你們說得很對，由於我們只有一位補鞋匠，若將他處死對大家都不利；但城裡有兩位建築工人，不如就讓他們其中一個代替他去死吧！」

這是一則杜撰出來的寓言，雖然帶點諷刺意味，但卻很巧妙地反映出「專業」的重要性。專業水準的高低直接影響著我們的服務、產品、工作品質，同時也關係著集體和個人的利益。若你想成為不被取代的人，就要做到「專業」，在自己所擅長的領域精益求精，刻苦鑽研專業知識，讓自己成為「專家」，成為行業中的佼佼者。

羅國洲，任職於重慶煤炭集團永榮電廠已三十年，他雖是工人技師，但卻一點也不平凡；從燒鍋爐到司爐長、班長、大班長，他對這份陪伴成長，讓他更為成熟的職位，仍有著滿滿的熱情。

他因為這份工作，而當上鍋爐技師，成為中國遠近馳名的「鍋爐點火大王」和「鍋爐抓漏高手」；也因為這份工作，讓他感受到身為一名工人技師的榮耀和自豪。

羅國洲有一雙聽漏的「順風耳」，他只要繞著鍋爐走一圈，就能從爐內的風聲、水聲、燃燒聲和其他聲音中，準確地聽出鍋爐受熱面上哪個管線有洩漏聲；在儀錶板前一看就能從各種參數的細微變化中，準確判斷出洩漏點是在哪個節點。

而且除了抓漏，羅國洲還練就了用一隻手點火及調整火勢的絕活，且在用火、壓火、配風、啟停……等多方面，他都有獨到見解。他發現鍋爐內的飛灰（又稱粉煤灰，為燃料燃燒過程中所排出的微小灰粒）回燃不順，因而提出技術改良和加強投運管理的建議，實施後飛灰含碳量平均降低到8％以下，鍋爐熱效率更提高了4％，每年為公司節省了三十二萬元。

而針對鍋爐傳統運行除灰方式的問題，他也提出「恒料層」運行，解決了負荷大起大落的問題，使標準煤耗下降0.4克／千瓦時，每年又再節省了兩百多萬元。

雖然羅國洲學歷不高、職務很低，但他卻能成為大家公認的技術高手和創新高手。他的成長經歷給我們的啟發就是：做一行，愛一行，精一行，只要努力，就會有收穫！

除非你實在厭惡了某個行業，否則最好不要輕易轉行，因為這樣會使你的學習中斷，導致經驗不足，效果降低。每一行都有其苦樂，所以你不必想得太多，把精力全放在工作上，像海綿一樣，廣泛地吸取工作中的各種知識。你可以向同事、主管、前輩請教，也可以廣泛閱讀各種報紙、雜誌的資訊；另外，專業進修班、講座、研討會也都要參加，也就是說，你要在這一產業中全方位地深度發展。假若你學有所精，並能在工作中表現出來，日後必定能成為該領域中的專家。

讓自己脫穎而出

人類大腦的運作通常具有一種慣性：即對第一名的印象都非常深刻。任何冠有「第一」的事物，總能被我們輕易地記住，而其餘無法列入排名的事物，則很難留下深刻的印象。比如世界第一高峰、世界第一長的河流、第一位登陸月球的人……等等，大多數人都能脫口而出。但若要問起世界第二高峰、世界第二長的河流、進入太空的第二人，你可能就答不出來；而這就是第一與默默無聞的區別。因此，做就要做到最好，你要讓自己脫穎而出，吸引他人的目光。那些將幸運或不幸歸結為機遇不同的想法是不正確的，每個人的一生中，機遇的概率是大致相等的，致勝的關鍵在於你能否抓住機會，並勇敢地表現自己。且在這個社會中，往往只有第一名才有發言權，所以，與其站在背後羨慕他人頭上的光環，不如自己去爭取機會，爭當主角、搶做第一；這樣，你的人生才更加完美，也會因此少了許多遺憾。

戰略大師傑克·特勞特（Jack Trout）曾說過：「你一定要想辦法在你的領域中成為第一。」現今社會競爭如此激烈，屈居第二與默默無聞毫無差別，無論是對公司還是個人來說，只有「第一」才能被人們牢牢記住；才能比別人獲得更多的機會與資本；也才能給自己創造更美好的未來、更廣闊的前程。

或許有人會說「第一」永遠只有一個，那其他人是否就沒有立足之地呢？並非如此，其實我們只是用「第一」當作目標，來激勵自己成為佼佼者，正如不是所有的士兵都能成為將軍，但不想做將軍的士兵就絕不是好士兵一樣，若你沒有遠大的目標、高遠的志向，那你就永遠無法攀上頂峰，永遠只能做他人的配角，對著別人的成就望洋興嘆。

1951年，時年五十七歲的齊藤竹之助初到朝日生命保險公司任職，當時他僅僅是一名普通的業務員，且還身負千萬元的巨額債務。

一進入公司，齊藤竹之助就替自己訂下成為超級業務員的目標。當時公司的業務員約有兩萬多名，想成為其中的佼佼者，得要付出極大的努力。他找來所有跟銷售有關的書籍，無論是走路、吃飯還是坐車、出差，每天都反覆閱讀、背誦，一心為了達成目標苦讀著。

他去見第一位客戶時，就遇上了當時號稱「日本第一」的第一生命保險公司業務——渡邊幸吉。望著對手乘坐凱迪拉克豪華轎車拜訪客戶，他感到無比巨大的壓力，但他並沒有因此信心受挫，回到公司後，他耗費心力擬定了一份非常詳細的企劃書，一份可以回答客戶任何疑問的完美企劃；而這份企劃確實讓他打敗了渡邊幸吉，簽下人生第一份兩千萬日圓的合約。此後，不管是一流企業、中小企業，還是家庭主婦，只要可能有一絲希望，他都會主動上前推銷，心中始終抱著成為「第一」的信念，無論過程多麼艱難他也從不退縮；而他終於在五年後成為公司的超級業務員，那年，他已六十二歲了。

目標實現後，齊藤竹之助又給自己設下了更高的目標——成為日本第一的業務員。當時日本共有二十家保險公司、八十五萬名業務員，而為了實現這一目標，這位年過花甲的老人像玩命一樣地賣力工作，每天早上五點起床，規劃一天的行程，晚上八點讀書、自省，安排新的方案，十一點準時上床睡覺，始終如一、從不懈怠。終於在1959年坐上「日本第一業務員」的寶座，但他依然沒有滿足於目前的成就，因而向更高的目標發起挑戰；最後，終於在1965年，以七十二歲的高齡，成為世界第一的保險業務員。

一個人若不懂得奮鬥，就如同沒有掌舵手的孤舟，無論多麼努力，也始終無法抵達成功的彼岸。所以，若想做第一，就要給自己樹立一個奮鬥的目標，並按這個目標不斷調整自己的行動方向和努力程度，自覺地克服一切困難，贏得最終的勝利。

你不需要謙虛，只有勇敢地表現自己、讓自己在芸芸眾生中脫穎而出，才能爭取機會，實現自己的人生價值，成為佼佼者；所以，努力加強自己的利基吧，強化你的核心競爭力，讓自己在眾人之中脫穎而出，成就第一名。

如何成為第一？

那你知道到底該如何成為第一嗎？其實很簡單，你只要把你的專業領域切割得很小，切割得更細，將你的專業、獨特性突顯出來；這樣一來，當你宣稱你是ＸＸ領域的第一名的時候，較不會得到反彈或是質疑的聲浪，因為你是在分眾領域稱霸，而大多數人根本不會去注意到你分眾的類別到底是什麼？利用細分去模糊焦點，讓自己確實在市場中稱雄。

例如我去賣太陽餅，如果我宣稱自己的產品是台中太平區最熱銷的太陽餅，餅皮多酥脆、內餡美味，是當地最好吃的太陽餅，那這樣消費者有極高的可能被你吸引，因為他們可能沒聽過這個名號，認為你真的是當地最有名、最好吃的太陽餅。但如果你宣稱自己是台中最有名的太陽餅，我想第一個不高興的肯定是太陽堂，或是一些其他有的沒的餅家；台中各家餅店都搶著做第一，你一個不知名的小店有什麼資格稱王？但反過來想，如果你用台中太平區來定位，那絕對是輕輕鬆鬆地稱王，你甚至可以細分到鄉鎮，自稱是「台中太平區光華里最好吃的太陽餅」，那這樣效果會更好，絕對成為第一名。你也可以就功能性或特色來突顯你更優於其他品牌，如「不同於全聚德的『悶爐式』烤鴨」、「口味最多元的太陽餅」、「大按鍵手機中的第一品牌」……等等，都是可以好好發揮的分眾市場。

因此，若想要成為佼佼者，除了加強自己的優勢外，你更要懂得將市場細分出來，讓自己的定位明確，更強化自己的不可取代性，以避免在眾多兵家之爭中殺個你死我活，最後卻可能兩敗俱傷，仍無法成功取得第一名。或是你能將自己的競爭力跨界，那你就能分食更多的市場，成為第一；而有關跨界我將在下一章進一步闡述。

米勒啤酒公司（Miller Brewing）在美國啤酒業排名第八，市場份額僅為8%，與百威、藍帶等知名品牌相距甚遠。而為了改變現狀，米勒公司決定改變市場戰略。

他們首先進行了市場調查，透過調查發現，若按使用率對啤酒市場進行細分，啤酒飲用者可細分為輕度飲用者和重度飲用者，而前者人數雖多，但飲用量卻只有後者的1／8。

他們還發現，重度飲用者有以下特徵：多是勞工階層，每天看電視三個小時以上，喜愛體育節目。因此，米勒公司決定把目標市場定位在重度使用者上，並果斷決定對米勒的「海雷夫」啤酒進行重新定位。他們首先在電視台簽訂了一個「米勒天地」的節目，廣告主題變成了「你有多少時間，我們就有多少啤酒」，以吸引那些「啤酒重度飲用者」。

結果「海雷夫」的戰略取得了很大的成功，在眾多啤酒品牌中，找到自己的市場定位，成為勞工朋友們心目中的首要之選，市佔率也因此翻了兩倍！

1-3 懂得借力 拓展你的競爭力

借力讓你增強自己的力量

找出核心競爭力（利基）後，你的首要任務便是不斷強化它，核心競爭力的來源可能是你擁有的某種獨特核心技術；或獨門的創新設計；或手上資源中所擁有的特殊行銷通路……等等。在強化競爭力的過程中，你可能會遇到種種難題阻礙你成長，這時你可以選擇仰賴別人的力量成長，你要開始思考，在你的周邊、你的資源之中，有什麼很關鍵、很特別的東西可以讓你利用？例如，我是經營出版業的，與賣書的通路商均有往來。今年我們公司主辦的「世界華人八大名師創業培訓高峰會」已完美落幕，八大名師盛會在六月二十四日舉行，但我們的大會手冊卻早在二月底就已印製完成，這是為什麼呢？因為我們要在三月份就先將手冊發行到各個通路商去。相信大家在7-11、全家便利商店、家樂福等通路或金石堂、誠品各大書店，都有看到這本大會手冊《一週創業成功魔法》，其目的何在？就是宣傳和造勢，還可以招生。由於「世界華人八大名師創業培訓高峰會」的會場可容納上千人，所以活動招生的壓力很大，如果由別家培訓公司來辦這個大會，就很難在這些便利商店、書店和各大賣場……等地方發行、宣傳；但對我而言，Key Channels就是賣書的管道，我們跟通路商說：「這本手冊是由我們創見文化所出版的書，教大家如何成功、如何創業賺錢……」，所以這些通路商就願意接受我們的書了。附帶一提，7-11、全家便利商店討厭高價位的書，但誠品不喜歡低價位的書，所以這本印製精美的手冊，在便利商店賣99元，在誠品增加內容後賣399元，不同的通路賣不同的價格，讓它能在各個通路被看到。

再舉一個透過「誠品」來借力的例子。在台南安平區裡某個安靜的巷弄內，有一棟約二、三十層高的建築，當初建商同意以低租金的方式，提供這棟大樓的二樓給誠品書店使用，並以誠品來命名這棟建築；一樓則由建商自己經營咖啡館或租給其他的業主，三樓以上就租賃給其他公司行號。有很多人都認為「誠品」這個品牌不錯，對它的印象都很好，以致房價大大地提升，每坪售價比當地平均行情貴了一、二萬元，所以建商很快就把成本賺回來了，甚至賺得比原先估計的多更多。

全台東縣內原本沒有任何一家書店，縣政府覺得這樣不行，於是蓋了一棟大樓，邀請誠品進駐，並象徵性地酌收一點租金；所以，全台東唯一的書店就是位在台東市中心的誠品書店。對誠品而言他們擴展了一間分店，但對台東縣政府而言，誠品提升了地方建設及文化，是集教育、文化、觀光、休閒、旅遊的匯聚之地；香港銅鑼灣的誠品書店也是如此，雖然他們的租金是當地行情的三分之一，但卻大大提升了希慎廣場及其周邊的效益。

而大陸蘇州有間很大的建商，在當地蓋了一大批高級住宅，他們以免租金的優惠和入股的方式，邀請台灣誠品到那裡駐點，但對外宣稱是台灣誠品有意加入，因而大大地提升了這個建案的宣傳效應。

以上雖然都是別人向誠品尋求協助，希望藉他們的力量，達到提升自己的目的，但其實誠品也有從中得利；他們不僅能順利拓展市場，還能用較優惠的價格，甚至不用租金就能到當地展店。所以，借力絕對是一個提升競爭力的好方法，且得益的不僅僅是你，雙方都能得利，所謂互利共好是也。

對於我來說，因為我賣書，與這些通路商時常保持良好的往來，所以我可以輕鬆利用這些資源來達到我實際的目的。但如果是你有個很棒的商品，想跟7-11合作，保證會不得其門而入；你也可能因為沒有後盾或市場效益而吃一記閉門羹。我們公司有專門負責這方面的部門，知道各通路的採購或業務部門的聯繫窗口，而這就是我們的通路優勢，我們透過這個優勢，借力將八大手冊成功推銷出去，達到宣傳和造勢的目的。

在台灣也有很多公司仰賴美國的沃爾瑪（Wal-Mart）這個通路，像有個賣烤爐的廠商，原本經營得很辛苦，但自從和沃爾瑪合作之後，無論有多少產量，沃爾瑪都可以吃下，銷量因此大大提升。所以，只要找對門路，找對關係，找對資源，借力思維能幫助你大大地增強自己的力量。

解構商業模式，讓你成功借力

你知道比爾・蓋茲（Bill Gates）是如何竄起的嗎？來看看下面這個小故事吧。

比爾・蓋茲的媽媽與IBM老闆在某個基金會裡，從事著公益方面的事務，他們彼此認識，是合作夥伴關係（Key Partnership）。於是，比爾・蓋茲請媽媽向IBM老闆引薦自己：「我兒子會寫電腦程式，可以幫你們寫軟體。」而這個程式就是後來開發出來的個人電腦作業系統——磁盤作業系統（Disk Operating System，又稱DOS）。當時的比爾・蓋茲還是哈佛大二的學生，但他選擇休學，專心為IBM公司寫程式。而研發的過程中，他需要用到哈佛大學裡的超級電腦作業，於是他與學校協商，請求使用研究室內的超級電腦，後來校方同意讓他使用，但未來必須將開發所賺得的5％利潤回饋給學校。聽到這樣的條件，比爾・蓋茲何樂而不為呢？他不僅解決當時的問題，還能貢獻學校一筆建設資金，享譽美名；而學校僅僅是將超級電腦借用，或許你會說超級電腦的耗損成本相當驚人，但比爾・蓋茲所回饋的資金用來維護電腦絕對是綽綽有餘。

所以若想成功借力，你就得先瞭解商業模式，才能從中找到最適合自己的方式尋求他人的協助。根據哈佛逾五千件成功的案例中，大致可將商業模式分為關鍵資源（Key Resources）、關鍵活動（Key Activities）、關鍵合作夥伴（Key Partnership）、關鍵通路（Key Channels）等四大類。

關鍵資源（Key Resources）

提供及傳遞競爭優勢時，所需要的資產就是關鍵資源。

關鍵活動（Key Activities）

運用關鍵資源所要執行的一些活動，就是關鍵活動。

關鍵合作夥伴（Key Partnership）

有些活動要借重外部資源，因此有些資源必須由組織外取得。

關鍵通路（Key Channels）

透過溝通、配送及銷售通路，傳遞價值給顧客。

透過上述四大關鍵，你就能找出發展中能使用的東西，以便順利尋求他人的協助，運用借力促使自己加快成功。我之前也出版過一本專門講述有關借力的書《借力與整合的秘密》；舉凡成功的人，他們都懂得靠借力並整合自己的資源，不斷地擴充累積，以提升自己的核心競爭力。

 眾籌讓你借力借得更輕鬆

而除了自己找出可尋求發展中能使用的資源之外，還有一種很方便的方法——眾籌，你可以把你的構想或是計畫放到眾籌平台上集體借力。如果可以的話，我更直接建議你放到大陸的網站上，那會比台灣更有效，大陸現在最紅的網站是京東商城，京東一直期待著把「BAT」幹掉。你可能對「BAT」有些陌生，「B」是百度（Baidu），「A」是阿里巴巴（Alibaba Group），「T」是騰訊（Tencent），他們是大陸的網路企業三大巨頭；而在他們三者之後，還有幾百間企業排隊，努力等待看能否超越這三巨頭，但當中企圖心最強、最有潛力的就是京東商城，京東商城老闆的企圖心非常強，他們公司的眾籌平台搖搖領先各家。如果你有任何的眾籌案都可以送去那裡，只要他覺得你的案子很不錯，他都接受並願意嘗試，甚至直接投資你；林偉賢老師的大部分產品都是透過京東商城的眾籌平台募集，且很多都是他的學生做的，他先投資學生，再和他們一起做，透過眾籌募集到好幾億人民幣。

只要你有一個構想，不用先真的做出來，只要把想法寫成企劃書，如果真的需要製作樣品，你就先利用3D列印或用其他方式做一個展示品，絕對不要量產，你先讓眾籌市場決定這份企劃的

可行性。如果有很多人投資，自然就會有創投來找你，願意投注你所需要的資源，生產設備可能也會得到贊助；但如果沒有什麼人投資你，就代表你的想法不可行。

眾籌有個很重要的前提，你需要決定這次募集要多少錢？而能否募到錢就是關鍵，那眾籌案的成功和失敗的定義又是什麼？就是你得先設定一筆目標金額，達標了，就是成功；沒有達標，就是失敗。

不曉得各位是否有發現眾籌裡面的玄機，其實它並沒有明確規定達標金額是多少錢；大家都知道，找創投有第一輪、第二輪、第三輪……以台灣來說，我可以把第一輪的目標訂得很低，假設目標為十萬元，那達標率若高達400％時，創投一看就會有驚豔的感覺，可事實上，達標率400％計算下來只不過四十萬元，要募集到這筆錢並不難。但如果你第一輪的目標是四百萬元，那募集到四十萬，達標率僅10％，數字很低；如果目標設定四千萬，募到四十萬，達標率只有1％，更糟糕。這真的是很奇妙的事，同樣都是募集四十萬，但達標率的不同，便給人不同的感覺，因而間接影響到你借力的效果。

有很多培訓界老師曾問過我：「如何讓培訓班爆滿？」我回答他們：「只要選一間小小的教室，再放幾張桌子，而且每張桌子坐滿也只能坐三人，教室走道擠得滿滿的其實也沒多少人，很自然就爆滿了。」而在眾籌平台上，你要如何證明成功？假如我的達標率是500％，實際只需要五萬元，總共二十五萬，其中還可能是你的親朋好友或是跟爸媽借的資金，但不知情的人一看，覺得達標率好高，這案子一定很厲害。為何我要一直強調達標率？因為這只是第一輪，到了第二輪你可以提升為一百萬，第三輪則可能達到五百萬；投資就是要這樣一輪一輪的堆砌上去，不斷地累積，讓大家覺得你是潛力股，值得他們付出。

巴菲特投資有二大原則，其中一個就是你的壁壘在哪裡？他將其稱之為「護城河」，這對於投資人來說是很重要的，每位投資人都會看他們所投資的物件是否具備護城河，以確保物件能在市場上屹立不搖，不被輕易擊垮；所以，所有的創投者都會問你這個問題，你一定要事先準備好。那些創投、天使基金，都是透過專業經理人在眾籌平台找尋投資標的，當他們找上你時，會問：「你的壁壘在哪裡？你的護城河在哪裡？」換句話說就是：「這件事為什麼只有你可以做，別人卻不能做？你的核心競爭力是什麼？」因為他們往往最擔心人人都可以做，尤其是你的構想在眾籌平台曝光之後，很多人都會看到你的企劃，就可能會搶先去做，以致於市場變成紅海，而你的競爭力根本無法殺出一條血路。所以你要先說出理由，為什麼只有你能做，別人不能呢？不管是實質上還是名義上的，都要有一個說法出來，且前提是你的構想要有一定的絕對競爭力。

我再次強調眾籌的重要性，所有想要借力的人，都希望能找到創投或是所謂的天使，但要如何把你跟有力者之間的橋樑找出來呢？借力者憑什麼肯定你、願意給

予你協助呢？你又該如何找到他們？答案就是眾籌平台。

若你默默無名，想必不會有人願意助你一臂之力，因為他們在你身上看不到效益，像投入枯井裡的石頭聽不到一點水聲。所以，若想成功借力，就要利用一些技巧把自己的競爭力表現出來，倘若沒有足夠的資源或技巧能包裝自己，不妨透過眾籌平台讓大家看見你，由他人幫你把競爭力堆砌得更高，默默地不斷提升自己的價值，眾籌平台讓你借力借得更輕鬆。

Niche 2

妥善使用「利基」，創造自我價值

The Secret Of Niche

Niche

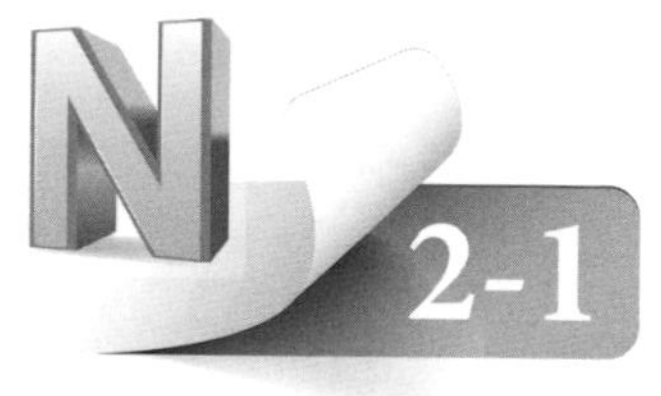

破除邊界化，用創新找出新價值

破除邊界的重要性

網路時代的特色特別重要，但網路的特色又是什麼呢？它會帶來什麼影響？你只要牢牢記住：去中間化、去中心化、去邊界化，記住這些之後，你未來的人生規劃便有了大方向、大趨勢的思維。

如果你能打破中間化，就會變得很厲害。譬如，近年吵得沸沸揚揚的Uber事件，Uber有幾輛車自己的車？沒有，他們只是整合了願意開車與需要搭車的人兩者之間的資料，然後放到網路上去，自己一台車子都沒有。世界最大的租屋系統叫Airbnb，他們有幾間房子？幾間旅館？答案是一間都沒有。它只是提供一個網路平台，讓大家自行上網登記，讓有意願的人把家裡多餘的房間租給別人使用，沒想到就有幾百萬人來登記；只要你到外地出差時，願意住到別人家裡的房間，那你就可以直接在網路上跟對方預約，費用還相當便宜。

而一般人都知道什麼是「去中心化」，像比特幣就是去中心化的作法。新台幣的中心是中華民國政府，或是中央銀行及台灣銀行，如果有一天，中華民國政府倒閉、被取代了，新台幣就不值錢了，其他各個國家也是如此。但請問會不會有哪個國家被消滅了，比特幣就變得不值錢呢？它當然不會受到影響。

比特幣在全球各地有三十多個交易中心，就算最大的交易中心被駭客攻陷了，它也不會受到影響，因為它並沒有所謂的中心，它是由許多網民參與所組成的，而且當中有很多技術層級很高的網友所參與。

所以，繼比特幣之後，全世界先後發行了數千種幣碼，其中有多種是公司幣，都是由××公司集團所發行。可是我告訴你，這種幣千萬不要買，萬一這公司集團因為財務問題倒閉了，這個幣就不值錢了。但比特幣就不同了，比特幣是由哪家公司發行的呢？沒有任何公司發行，也沒有任何一個人擁有全部的掌控權，很神奇吧，這就叫「去中心化」。比特幣所使用的技術叫「區塊鏈」，這是當代最高科技的顯學，比特幣剛開始發行時，且我也參與其中，所以對它有相當程度的瞭解，我也出版了一本探討區塊鏈的書，將我當初操作比特幣的實戰背景與經驗和眾讀者們分享，若你有興趣，可以到書店買回家瞭解一番。

而去邊界化就叫跨界，現在的老闆很難當，經營一段時間之後，就會有一些莫名其妙的人來搶市場、搶生意，而且都是別的產業、別的領域跨足過來的。這時失敗者通常都會自怨自艾：「我的生意被××公司搶走了⋯⋯」，但成功者就會想：「既然

他們跨界來搶走我的生意，那我也來搶別人的生意，我來研究自己有哪些競爭優勢可以跨足別的產業、或是別的領域，多搶一些生意，分一杯羹。」

最有名的例子就是馬雲。馬雲為了做電子商務，因而成立第三方支付，叫「支付寶」。但買東西一定要有第三方支付嗎？一般來說，消費者上網買東西時都會想：「萬一賣家不寄東西給我，該怎麼辦？」而賣家則會想：「東西已經寄送出去了，萬一收不到錢，該怎麼辦？」

而馬雲考慮到了消費者與賣家的心理揣測，所以在成立商務網站時，同時開發了支付寶；這是一個公正獨立的第三方，它讓消費者在網上購物時得以放心，消費者先存一筆錢到支付寶後，再跟賣家買東西，等到賣家把貨品寄給消費者，確認收貨無誤後，再向支付寶請款。

現在有許多大陸人習慣在淘寶網買賣東西，假設你今天買了300元的東西，就要先存入300元到支付寶，隔天再買99元，那就再存入99元；但為避免麻煩，通常消費者都會預先在支付寶存入一筆錢，然後支付寶再依照購買金額自行扣款，現在已約有一億人有這種習慣了。

隨著消費習慣的改變，馬雲想到再把這些剩餘的錢拿去投資基金，大陸有一種基金，保證年獲利率8%，所以，如果消費者在支付寶裡存入1000元，買了200元的東西後，剩餘的800元，支付寶會自動幫你投資基金，之後你每年都有8%的利潤；因此，有越來越多人開始不只存入1000元了。

存入支付寶的錢，買東西支付的錢，叫支付寶，扣除支付額所剩餘款叫餘額寶，再將餘額寶自動轉入基金之購買，之後當你又在網路上進行購物時，系統又會自動把部分的錢拿來支付你購買的金額，全部都是電腦自動化操作，大大改變了舊有的消費模式。

人民幣的定存利率，在幾年前是5%，現在平均是3%，而馬雲餘額寶的利率是8%，明明只買一點點東西，卻能藉此多存入一些人民幣，大家當然會把大量的錢存到支付寶裡，沒多久，餘額寶的基金就高達八千億人民幣，成為全中國、全世界最大的一筆基金，而且來自其他各國的基金公司也紛紛加入投資，希望代為操作這筆基金，不但可以滿足8%的獲利，還能另外給阿里巴巴公司0.7%～0.8%的利潤。千萬不要小看這0.7%～0.8%的利潤，這也是阿里巴巴的獲利主項目，使它成為全世界市值前十大企業；阿里巴巴就是因為不斷的跨界、去除邊界化，而加以壯大。

因此，所謂的去邊界化，就是成為跨界者，利用網路的特性，讓一個產業、一個領域的邊界，漸漸消失，不再有邊界。所以，每個人都應該思考要如何以自己的利基實現跨界。

美國總統川普（Donald Trump）就善於突破邊界的限制、溝通與連接，雖然他前後破產了四次，卻都能迅速復原站起。

這個世代成功很快，失敗更快，但只要你能迅速站起來，持續在你熱愛的領域裡努力地去玩！你終將會成功！

1990年，美國經濟蕭條，房市一片萎靡，川普的公司宣告破產，個人財務也面臨危機，總共積欠了九十億美元的債務；但他僅用了三年的時間就還掉一半債務，轉而開始經營博弈事業。當時他透過參股及收購的方式，買下大西洋城幾間賭場，其中之一泰姬瑪哈（Taj Mahal）賭場，即是當時全球最大的賭場。而他因為旗下擁有多家賭場，所以又另外成立了「川普旅館賭場集團（Trump Hotel & Casino Resorts）」，不料經營狀況不如預期，賭場所有的獲利都用來支付貸款利息，公司在1996年上市後就一路虧損，最高負債曾達到十八億美元，直到2004年底，川普二度宣布破產。

川普旅館集團在2004年破產後，川普再次將它重整，更名為「川普娛樂休閒公司（Trump Entertainment Resorts）」，沒想到隔年股票重新上市後都大漲五成，就此從財務危機中站了起來。

各位，你的人生不可能沒有失敗，一定會有很悲慘的時候，但只要你具有復原力，迅速的站起來，你就能成功，所以成功的關鍵在於擁有復原與抗壓的能力。當然，你要在你所熱愛的領域裡，就如同前面所說的——利基最好建立在你熟悉且熱愛的領域裡。

用創新強化你的競爭力

現今每個人都高談著創新的口號，創新的確很重要，它能為人們創造出「新」的價值，把未被滿足或潛在的需求轉化為機會。但創新的目的並非是將利潤最大化，而是為了找出新的需求；若以犧牲他人價值為代價的「創造」就不是創新，因此，發明也未必是創新，除非它能被應用並創造出新的價值。但你知道嗎？創業其實也未必就是創新，我常常告訴我的學員們，要勇於創業讓自己成功，因而開設了跟創業相關的課程，協助他們找尋方向。但創業的前提是，你要找出事業的賣點並讓「新的客戶滿意」，這才叫創新的創業；並不是你做出改變就是創新，否則你只能品嚐到失敗的滋味，甚至可能造成市場的紊亂。

創新最初的概念可追溯到1912年，經濟學家熊彼得（Joseph Alois Schumpeter）所出版的《經濟發展概論》。熊彼特在著作中提出：「創新是指把一種新的生產要素和生產條件的『新結合』引入生產體系。」它包括五種情況：引入一種新產品；引入一種新的生產方法；開闢一個新的市場；獲得原材料或半成品的一種新的供應來源。他的創新概念包含的範圍很廣，涉及到技術性變化的創新及非技術性變化的組織創新。

而人類所做的一切事物都存在創新，如觀念、知識、技術的創新，政治、經濟、商業、藝術的創新，工作、生活、學習、娛樂、衣、食、住、行、通訊等領域的創造創新，只為了提升生活的品質及解決需求。創新產生的作用有三點如下：

- 滿足人類生存與發展的需要。
- 深化人類對客觀世界的認知。
- 提高人類對世界的駕馭能力。

創新可說是刻不容緩，在現今競爭激烈的社會，若你還不懂得變化，利用創新來加強你的利基，或用創新找出你的第二個利基的話，又該如何在市場上贏過其他人？

瓦特發明改良式的蒸汽機，讓工業革命產生大躍進；牛頓被掉落的蘋果砸到頭而發現萬有引力；門得列夫則透過紙牌不斷排列，進而想出元素周期表……由此可知，在研究創新的時候，你要把過程看得比結果更重要。創新最終的結果，是由創新思維的過程所決定，結果僅是過程的成功產物；但一般在教育上對創新的過程卻提得不多，因此常導致人們對創新產生誤解。

英國心理學家華拉斯（Graham Wallas）提出創新的「四階段理論」，是一個影響最大、傳播最廣，且具有較大實用性的過程理論。他指出，創造性活動產生的過程一般可分成準備期、醞釀期、豁朗期、驗證期四個階段；且在每階段中，左右腦所運作的功能會有所不同。在思考的準備期及驗證期，左腦處於較強的活動狀態，發揮主導的作用，因此這兩階段需要使用到左腦的語言和邏輯思考能力，運用推理、類比、分析、歸納等方法找出問題所在；而在創造過程中的醞釀期和豁朗期，則由右腦負責主導，在這兩階段是新思想、新觀念的產生時期，也是發揮創造性思維的關鍵期，由於創新的事物（觀念）可能還沒有邏輯化的規則可遵循，所以就需要發揮右腦的想像、直覺等功能。以下分別介紹該四階段：

準備期（Preparation）

準備期是準備和提出問題的階段。創造並非無中生有，必須自問題的發現或察覺開始，首先是對萌生的觀念或感受作檢查，確定後，便開始閱讀、發問、討論、探索等準備工作。愛因斯坦（Albert Einstein）也認為：「形成問題通常比解決問題更重要，因為解決問題不過牽涉到數學上或實驗上的演算或操作而已，但明確問題絕非易事，需要有創新的想像力。」他還認為準備可分為下列三步，力求問題概念化、形象化和具有可行性。

- 對知識和經驗進行累積和整理。
- 搜集必要的事實和資料。
- 瞭解自己提出問題的社會價值，能滿足哪些社會的需要及價值前景。

醞釀期（Incubation）

醞釀期也稱沉思和多方思考發散的階段。在醞釀期要不斷地將收集到的資料、訊息進行處理、消化，探索問題的關鍵，因此需要耗費很長的時間以及巨大的精力，是大腦高強度活動的時期。而這一時期，要從各方面讓各種設想在頭腦中反覆組合、交叉、撞擊、滲透，按照新的方式進行加工重組；且加工時應主動創造方法，不斷選擇，力求形成新的創意。科學家龐加萊（Jules Henri Poincaré）認為：「任何科學的創造都源自於選擇。」這裡的選擇，指的是充分地思索，讓各方面的問題都能完全顯現出來，從而把思考過程中那些不必要的部分捨棄。創新思維的醞釀期，強調有意識的選擇。因此，龐加萊也說：「所謂的發明，其實就是鑒別，簡單來說，也就是選擇。」

醞釀期的思維強度大，困難重重，常常百思不得其解。因此，創新通常是漫長且艱鉅的，也很有可能在過程中就失敗；但唯有堅持下去，努力不懈，才能成功創新。

明朗期（Illumination）

明朗期即頓悟或突破期，意即找到解決辦法。明朗期很短促、很突然，通常呈猛烈爆發狀態，靈光一閃、豁然開朗，瞬即找出解決問題的方法。

驗證期（Verification）

驗證期是評價階段，是完善和充分論證的階段。突然獲得的突破，難免粗糙且有些缺陷，而驗證期的目的就是為了把明朗期獲得的結果加以整理、完善和論證，進一步得到證實，以達完美。假如不經過這個階段，你就不能說自己真正取得創新的成功；而且驗證不只是要在理論上驗證，還要放到實驗或現實中檢驗。

驗證期的心理狀態較平靜，唯有耐心、周密、慎重，不急於求成和不急功近利才是創新最終的關鍵。

那你知道該如何創新嗎？下方提供創新的過程讓你參考，學著點兒創新，自然可大幅提升自己的競爭力！

資料搜集與整理

創新的第一步就是要先進行資料的搜集與整理。你要清楚創新的目標與需求，大量蒐集與整理資料，明確客觀環境與主觀條件，找出創新大致的方向。

創新方案的制訂

創新是有風險的，為了將這種風險降到最低，你必須根據市場內外的實際情況，結合自己的優劣勢，制訂出最適合的方案。

實施創新

有了方案，就要迅速付諸實施，無論方案是否完善或十全十美；因為如果等到方案一切準備就緒後才付諸行動，那可能就要換你收割別人成功的果實了。

不斷完善

上面有提到創新是有風險的，可能會失敗。所以為了避免失敗，提高成功機率，你在開始行動後，就要不斷研討、集思廣益，將原有方案進行補充、修改並完善。

不斷再創新

創新的成功，能為你下一輪的創新提供強大的動力；創新不能停止，必須在新的起點上不斷再精進。即使你原先的創新失敗了，也要從失敗中檢討，並吸取經驗及教訓，為下一次的創新提供參考。讓失敗與成功都成為新一輪的成功之母！

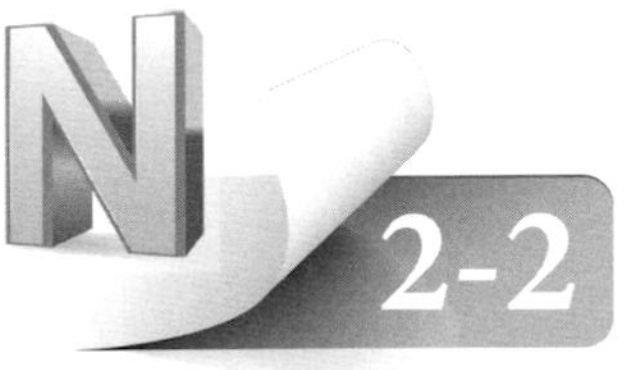

從紅海脫穎而出，打造你的藍海市場

用利基航向你的專屬藍海

有了「利基」，你不但不用害怕生存不下來，還有可能發展出屬於自己的藍海市場。但你知道紅海與藍海的差別在哪裡嗎？

紅海

指已知的市場空間，競爭對手眾多，紛紛使用壓低成本、搶佔市占率、大量傾銷等傳統商業手法，殺價競爭成為主要的商業手段。

藍海

開創尚未被開發之全新市場，以創造獨一無二價值的「新」商業手段建構新的商業模式（Business Model），以厚利適銷為方案。

簡言之，紅海就是你去做、他去做、我也去做，大家都在做的事；那麼藍海呢？就是你去做，我也去做，但我和你的做法是不一樣的。譬如，我們兩個一起在街上擺個麵攤做生意，但為什麼我的攤位前面客人大排長龍，絡繹不絕；你的攤位卻是門可羅雀呢？這是因為我和你的攤位有著不一樣的特色。形成差別的原因有很多：我的牛肉麵可能比較好吃；我的環境可能比你舒適；我的服務態度可能比你親切……可能性諸多，而這些可能性就形成我的利基，若再加以利用的話，就可以打造出一個只有我的獨佔市場。但等你發現我成功的秘訣後才來仿效，那我只能跟你說聲抱歉，已經太遲了，因為還有很多其他的競爭對手也在旁默默觀察，也試圖窺探出我生意興隆的秘密。

以中國有名的京東商城為例。一般出版社將書批銷給書店的折扣大約是七至七五折，而像博客來這類的網路書店通常會用原價的七九折賣給一般的消費者，但京東商城的網路書店，無論進貨成本是多少，他們統一以原價五折賣出，那請問你，他們賺什麼？其實對京東商城而言，書類只是他們的小眾商品，3C產品才是主要商品；他們的目的是希望能以低價吸引消費者，瀏覽他們的網站，進而讓主力產品的曝光率增加，誘使他們在買書的同時也購買其他高價產品。

以行銷學觀點來說，有二個要點：第一點是價格戰。所有賣麵、蚵仔煎、小籠包、臭豆腐……等小吃店，其實食材成本只占三成，所以他們可以少賺一點，別人的牛肉麵賣150元，而我的牛肉麵只賣60元，雖然賺得少一些，可我的店一定是大排長龍，反而能吸引更多人來消費；但價格戰的缺點就是容易引起紅海戰爭，如果每家店都祭出低價搶攻市場，這樣大家就真的沒有賺頭了。所以最高明的作法，就是讓消費者認為你的（牛肉麵）產品和別人不一樣，而「認為」就是影響消費者的一種心理因素，但要如何讓他們「認為」不一樣呢？譬如，你可以寫一個生動的故事，貼在大門口：「從祖父就開始做，傳承四代的老店……」，只要讓消費者感覺你的麵和別人不一樣，你的生意就會好；而這就是行銷的絕妙之處，賦予產品額外的價值，讓它能在市場上站得更穩。

我再舉一例流行性感冒，通常很多人都喜歡去大醫院看名醫，但療效卻沒有比較好。其實很多事都是心理因素造成的，一般藥局或診所的藥劑師和那些名醫所開的感冒藥，幾乎是大同小異，只是名醫所開的處方籤可能會多一粒維生素C（維他命C），但其實那只是一種安慰劑，讓人覺得名醫開的藥方和別人不一樣，是靈丹妙藥。感冒沒有什麼特效藥，不管是大醫院或診所、藥局的處方藥都差不多，只要你感覺不一樣，吃下之後就會覺得不一樣，真的就會好得特別快。

紅海戰略V.S.藍海戰略

在紅海中，大家都在「最佳實踐」的基礎下進行競爭，若要追求「差異化」，成本必然增加；因此，在戰略的選擇上，一是尋求差異化，二是追求成本優勢。反之，藍海的戰略目標則是打破現有的傳統觀念，拒絕在品牌價值（個人價值）與成本間做權衡取捨，從而創造出新的最佳實踐規則。

成立於1984年的太陽馬戲團（Cirque du Soleil），成員來自全球二十一國，包括四百三十五名表演者，共約一千五百名成員的優秀表演團體；並在全球巡迴演出逾一百二十座城市，估計已有超過一千八百萬名的觀眾欣賞過精彩的表演，太陽馬戲團超越人類體能極限的演出帶給觀眾各式各樣的驚奇。

而太陽馬戲團成功的原因在於它們不願跟當時的主要競爭對手玲玲馬戲團（Ringling Bros. And Barnum & Bailey）互相競爭，反而是洞悉到當時沒有人瞭望到的藍海，讓團隊走出紅色海洋的競爭之戰，邁向全新的領域。

太陽馬戲團體認到若要開創出自己的藍海，就要徹底跳脫同行競爭，另闢蹊徑，吸引全新的客群。因此它「取消」了傳統馬戲團的動物表演和中場休息時間的叫賣小販；甚至「減少」了那些驚險刺激的特技表演。你可能會認為，這樣馬戲團還有什麼好看的？會有人去看嗎？事實證明，太陽馬戲團不但「提升」了它的價值，還締造前所未有的成功。因為太陽馬戲團的轉型，「創造」出許多同業沒有呈現的表演——它招募了一批體操、游泳和跳水等專業運動員，讓這些運動員站上另一座舞台成為肢體藝術家，擴展了他們的競爭力；且它還運用絢麗的燈光、華麗的戲服、撼動人心的音樂以及融合歌舞劇情的節目製作，創造感官上的新體驗。讓許多觀眾深深著迷，全都臣服為它們的忠實觀眾，有些企業團體甚至會直接贊助，邀請

它們到當地演出，只為了一睹太陽馬戲團的獨特魅力；而這些新客戶讓太陽馬戲團掙脫傳統的桎梏，走上藍海的道路。

太陽馬戲團的創新，是一種知識的轉化與共享後的結果，讓原本處於紅海的馬戲團能有再一次創新的可能。但在打造屬於自己的藍海前，你要先了解藍海與紅海之間的差異，下方將兩者做出重點統整：

紅海戰略：視需求應變

在紅海中，產業邊界相當明確且不易改變，競爭規則皆是已知的，且身處紅海的人都試圖超越競爭對手，在需求市場中獲得更大的市佔份額；因此，在紅海中就是彼此不斷地競爭。而一般提升市場份額的典型方式，就是努力維持和擴大現有客戶群，演變成以客戶導向為主，提供量身訂做、客製化的產品。

著名管理學家麥可・波特（Michael Eugene Porter）於1980年出版的《競爭戰略》一書中，從產業結構的角度提出如何長久取得競爭優勢的觀點，首先，企業要從三種策略：低成本戰略、差異化戰略與集中戰略中選出一種執行。而這三種戰略都具有內部一致性，即要求企業把成本控制到比競爭對手更低的程度；或提供與競爭對手不同的產品或服務；或專心致力於某一特定的市場或產品種類。他同時還提出產業競爭的五力模型，分析產業競爭環境，指出產業競爭存在著五種基本力量，而這五種力量的狀況及其綜合強度決定著產業競爭的激烈程度，同時也決定了產業最終的獲利能力。這五種基本力量分別為：產業內對手的競爭、供應商討價還價能力、購買者討價還價能力、潛在進入者的威脅、替代產品的威脅；因此，這個模型也被稱作產業吸引力模型。

五力分析模型

藍海戰略：創造需求

藍海指尚未被開發的市場、客戶需求的創造以及利潤高速成長的機會。在藍海中，競爭對手並不存在，遊戲規則也尚未建立；因此，創造出新的價值是藍海戰略的基礎，由此開闢一個全新的、非競爭性的市場空間。藍海戰略認為市場的邊界並不存在，所以思維方式不會受到既有市場結構的限制。在藍海市場中，一定會有尚未開發的需求，重點在於該如何發現這些需求。所以，不管是從供給轉向需求，還是從競爭轉向發現新需求的價值，只要能讓價值創新，就是藍海的生存原則。

紅海中的「創新」與藍海中的「價值創新」

任何人或企業都不可能只滿足於現狀，大家都不斷地在尋找永續發展的機會。以創新的效益來說，過去的創新單指創造附加價值，但就現今的市場而言，附加價值已不能滿足消費者，因此，所有的個人或企業都必須創造出自己的「新價值」。

價值創新的重點既在於「價值」，又在於「創新」。只有將創新與效用、價格和成本進行有效的整合，價值創新才有可能實現。且它不像傳統的技術創新，價值創新是建立在需求、個人和市場各方共贏的基礎上，所以才能成功開創出藍海，成為突破競爭的戰略思考和戰略執行的新途徑。

有些藍海是在現有的紅海領域中所創造出來的，因此適用於各種產業以及產業生命週期的各個階段。它的意義在於創造新需求、開闢新市場、消滅舊競爭、以避免形成紅海趨勢，但任何成功的人或企業都無法避免來自其他競爭對手的仿效與跟進；所以，唯有不斷積極創造，從新藍海中再開創新的海，即創造新需求和新市場，才能達到永續發展的最終目的，永立於不敗之地。

其實紅海和藍海並不是互相取代及非此即彼的關係，兩者是可以並存和相互轉化的；只需要根據產業、市場內外環境的變化和趨勢，審時度勢地制定自己的戰略以調整優勢，搏擊於紅海時也把握住時機，就能夠同時積極開創屬於你自己的藍海。

紅海戰略	藍海戰略
已知的市場空間，競爭對手眾多	開創尚未被開發之全新市場
打敗眾多的競爭對手	甩開原有競爭對手，找尋新出路
開發現有需求並爭奪利益	創新並獲取新的需求與利益
在價值與成本之間權衡取捨	打破價值與成本之間的權衡取捨
按差異化或低成本戰略，與對手競爭	將差異化和低成本整合，尋找新的戰略

紅海與藍海比較表

另闢一條「同質化突圍」的路徑

思維改變，行為就改變；而行為改變，命運就跟著改變！只要多些「藍海思維」，我們就能從慘澹的紅海中全身而退，成功實施「同質化突圍」。

在產能過剩的今天，隨著競爭的加劇及日新月異的技術，產品的同質化日益變成一種常態，而產品的功能也在各競爭對手的想方設法下不斷增添、不斷雷同。因此，如何在幾乎「長著同一張臉」的眾多產品之中「推群獨步」，成了每個人、每間公司苦苦思索的永恆課題。

「同質化突圍」，就是開闢出一條有個人特色的路，讓自己長著一張與別人不一樣的臉，以便在眾多的產品中可以被人一眼就認出來。

個人電腦專賣店SOFMAP的社長鈴木慶是個徹底貫徹「差異化」策略的人，腦中總在盤算著如何才能讓公司產品與眾不同；他善於運用各種出奇制勝的銷售手法，讓SOFMAP在市場之中急遽成長。

首先，它們製作免費的使用手冊，提供使用者參考。當時隨產品附贈的使用手冊都是盜版的，其專業術語對初學者而言相當艱深且難以理解。所以SOFMAP這項自製使用手冊的服務深獲消費者青睞；它們其他促銷的花招也是五花八門，一般廠商提供的產品保固期限都只有一年，但SOFMAP將保固年限延長為五年，因而廣受好評。

鈴木慶認為，若要打進滿是老字號品牌的秋葉原電器市場，就必須不斷地推陳出新，抓住消費者心理，做到別人做不到的事。所以，SOFMAP一直以「差異化」策略在同業中求生存，逐步擴大其在東京秋葉原的版圖；且為了應對日新月異的電腦市場，鈴木慶亦將經營觸角從個人電腦專賣店擴展至軟體開發上。

雖然連DAIE……等大型家電用品企業也正式進軍個人電腦市場，但這是商業競爭中無法避免的事，永遠會有人搶食爭奪這塊利益大餅。因此，SOFMAP又瞄準了行動載具等新的領域，不斷開疆闢土。

將視角從傳統的領域移開，向旁邊看一看，往往可以看到一片新的天地。好比美國商業銀行（Bank of America）之所以能異軍突起，就是因為它選擇的定位與眾不同，自然就決定了它與其他銀行的不同；其獨特的風格與吸引人的優質服務，更成為它獨佔鰲頭的殺手鐧。

以下這家企業的員工，顯然也是善於尋找「同質化突圍」的路徑。

一家公司打算生產番茄醬，但市面上已有各式各樣的番茄醬產品，它們在包裝、價格、行銷手段等方面早已「打得不可開交」，要如何才能讓自己的產品投入市場後立即受到消費者的關注呢？

這時，一位名叫漢斯的員工出了一個好主意，說道：「不在包裝和價格上做文章，而在番茄醬本身做創意行銷，把番茄醬做得特別濃稠，香味也比較濃郁。」

果然，這款番茄醬投入市場後，立刻因為獨具特色，馬上就引起消費者熱烈地迴響。但沒多久，問題就出現了。因為這種番茄醬過於濃稠，流速太慢反而引起消費者的不滿，他們紛紛抱怨番茄醬「倒出來時太花時間」，其他產品就沒有這個問題，導致番茄醬的銷售大為降低。

面對這種情況，公司老闆一時拿不定主意，要改變番茄醬配方，降低番茄醬濃度？還是改變包裝，使之容易倒出？但無論哪一種方案，都會讓原本的「漢斯」番茄醬失去特色。這時，漢斯又想出另一個妙招，既不改變包裝，也不降低濃度，而是因勢利導，改變廣告宣傳重點。在廣告中指出，這種番茄醬之所以流速慢，是因為它比別的番茄醬濃稠，味道也比稀薄的好，並在廣告中公然宣稱，此款番茄醬是流動最慢的番茄醬。他不僅不將消費者抱怨的「流速慢」視為短處，還視為優於其他番茄醬的特色，代表此品牌的番茄醬是最濃郁美味的。而廣告刊出後，效果奇佳，市場佔有率從原來的19％迅速上升為50％。

「同質化突圍」的關鍵在於找到自己的定位，樹立自己獨特的特點，並與別人的特點比較上做足功夫，讓人有深刻的識別度，再加上宣傳到位，開闢「同質化突圍」的工程自然也能成功。

利基讓你成為最終的贏家

個人品牌：為工作貼上卓越的「標籤」

企業有企業的品牌，產品有產品的品牌。那麼，個人有品牌嗎？當然有！我們經常聽說某某人敬業、某某人解決問題的能力很強、某某人擅長財務管理、須菩提解空第一等，這就是品牌。譬如，創下每天都平均能銷售六輛汽車紀錄的喬・吉拉德（Joe Girard），以及朝日保險公司的齊藤竹之助等，他們就是被賦予頂級品牌的人。

不只是企業、產品需要建立品牌，個人品牌同樣是一個寶貴的無形資產，其價值甚至高於個人能力的有形資產，使你在工作中展現出獨特的價值；它就像企業品牌、產品品牌一樣，不僅要有知名度，更要有忠誠度。

想在工作中樹立品牌，你就必須比別人付出更多，比別人更有執行力並著重結果。品牌不是吹出來的，雖然吹噓可以在短時間內迷惑一些人，撈得一些好處，但時間一長，必然原形畢露；若拿不出實實在在的業績，吹得天花亂墜又有什麼用呢？

所以，除了不斷強化核心競爭力外，建立個人品牌也等於在為自己創造不一樣的競爭力；有品牌加持，個人或企業的辨識度才會提高，增加你在市場中的競爭優勢。在未來，或許就是品牌辨識度造就了你那不可取代的地位，你的競爭力跟你呈現給他人的品牌觀感是相輔相成的。

邱飛在一家公司任顧問一職，碰到一位叫靳西的人，靳西見老闆喬羽先生很信任邱飛，便央求邱飛在老闆面前多美言他幾句。

「我進公司時，喬羽先生曾答應讓我做公司的技術總監，可他一直沒有兌現，只說正在考慮。你看，都考慮一年多了，還是一點動靜都沒有。」靳西向邱飛吐苦水道。

邱飛想既然老闆許了諾，就應該要兌現，不兌現也該跟對方說明原因，一定是喬羽先生忙不過來處理這件事。於是，邱飛找了一個恰當的機會，私下和喬羽先生談起這件事。

「這個人我不敢重用。」喬羽先生說。

「為什麼呢？」

「你知道靳西是怎麼進來公司的嗎？他原先任職的那間公司曾是我們最主要的競爭對手。但有一天，他約我見面，主動告訴我，他掌握那家公司全部的關鍵技術，只要我肯高薪雇用他，他就將那些關鍵技術提供予我。我答應了他的條件，並給了他高薪，但重用的事，一直不敢兌現。」喬羽先生說。

「你的意思是說，如果重用他，等他掌握了你的秘密之後，也可能出賣你，對嗎？」邱飛說。

「是啊，他是一個不夠忠誠、賣主求榮的人！原先那家公司其實對他很不錯，但他仍出賣了老闆，那家公司從此一蹶不振。而有了第一次，肯定會有第二次，重用他的話，下一個受害的恐怕就是我啊！」喬羽先生說，「我非但不敢重用他，我還準備辭退他，但在做好準備之前，我不能讓他知道，誰能保證他在得不到想要的東西時，會不會瘋狂地搞破壞呢？」

一個不夠忠誠的人，是沒有人願意幫助他的，也沒有能力幫助他。一名士兵若能死於忠誠，也是光榮而偉大的；但如果靠出賣忠誠而存活，反倒是一種恥辱；同樣地，在企業裡，一個人若靠出賣企業獲取私利，也是一種恥辱。一個自身素質存在嚴重缺陷的人，對公司來講是一名潛伏的殺手，不知哪天會跳出來倒戈相向。

具體而言，若想形成個人品牌，你要有以下幾個觀念：

- 個人品牌最基本的特徵是品質保障，這一點跟產品品牌一樣，表現在兩方面：一方面是個人技術技能上的高品質，另一方面則是人品品質。也就是說，既要有才更要有德；一個人如果只有工作能力強，但道德水準不高，個人品牌是建立不起來的。
- 個人品牌講究持久性和可靠性，只要建立起個人品牌，就能說明你做事的態度和工作能力是有保證的，也一定會為企業創造更大的價值，若公司使用這樣的人是可以信任和放心的。

- 品牌形成是一個慢慢培養和累積的過程。任何產品或企業的品牌都不是自封的，需經過各方檢驗、認可才能形成；個人品牌也是如此，需要被大家所公認。
- 個人一旦形成品牌後，他跟市場的關係就會發生根本性的變化，就像一間企業一樣，如果有了品牌，它做任何事就相對會容易一些。同樣地，個人一旦建立好品牌，工作就會事半功倍。

在職場中，擁有最高價值的人，通常是最有能力、對公司貢獻最多的人。喬・吉拉德（Joe Girard）堪稱為「世界上最偉大的銷售員」，這個品牌的建立，使他的事業邁入另一個更輝煌的境界。而這種個人品牌的樹立得益於他創新的頭腦，他總能根據客戶的需求有所創新之舉，使客戶信任他、喜愛他。下面這個小故事充分展現出吉拉德在此方面的能力。

有一次，一位中年婦女走進喬・吉拉德服務的汽車展示中心，說她想看看車，打發一下時間。她告訴吉拉德，她想買一輛白色的福特車款，就像她表姐開得那輛一樣，但對面福特展示中心的銷售員請她過一小時後再去，她就只好先來這兒看看。她說，今天是她五十五歲生日，所以想送自己一份生日禮物。

「生日快樂！夫人。」喬・吉拉德一邊說，一邊把她帶進休息室，然後出去打了一通電話。回到休息室後，喬・吉拉德繼續和她交談：「夫人，您剛剛說想買白色車，反正您現在有時間，不如我給您介紹一款白色的雪弗蘭雙門式轎車。」

他們愉快地交談著，一名女秘書突然走了進來，遞給喬・吉拉德一束玫瑰花。喬・吉拉德慎重地把花獻給那位女士：「高貴的夫人，我有幸知道今天是您的生日，送您一份薄禮，祝您一切好運！」她很感動，眼眶都濕了。

「已經很久沒有人給我送禮物了。」她說，「剛才那位福特銷售員一定是看我開了部舊車，以為我買不起新車。我剛要看車，他就說要去收一筆帳款，我只好來這兒等他。其實我只是想要一部白色車而已，但因為表姐的車是福特，所以我想說也買輛福特；現在想想，不買福特也可以。」

最後，她跟喬・吉拉德買了一輛雪弗蘭，當場就開了一張全額支票直接將款項付清。而喬・吉拉德從頭到尾都沒有勸她放棄福特改買雪弗蘭，全是因為她在喬・吉拉德這裡感覺受到重視，於是摒棄了原來的想法，轉而選擇他的產品。

喬・吉拉德是世界級的汽車銷售大王，在十五年的業務生涯中，共賣出13,001輛汽車，曾創下一年賣出1,825輛（平均每天6輛）的紀錄，這項成績甚至被列入《金氏世界紀錄》。

他擁有幾萬名客戶，每隔一段時間就會收到他寄來的賀卡，就算上面只有這樣的一些話：「祝你生日快樂」、「恭禧您順利升遷」、「希望能再次聆聽您的教誨」……等等，他的秘訣是：「絕不行銷汽車，只行銷問候。」

喬・吉德拉不僅是銷售大師，還是個人品牌專家。他並沒有用什麼特殊方法使工作產生多大的改變，他只是用了一點小創意，便讓自己打造出不同於其他業務員的個人品牌，而這也是他奠定輝煌業績的首要基礎。

在競爭激烈的市場環境中，每個人都不可能永遠待在一間公司、一個職位，有很多變化是我們無法控制的，我們唯一能控制、把握的，只有自己的實力和口碑。

美國管理學家華德士（Robert Walters）提出：「二十一世紀的工作生存法則就是建立個人品牌。」他認為，不只有企業、產品需要建立品牌，個人也需要在市場中建立起個人品牌；用創新之盾樹立起市場中的常青品牌，是每個人都應有的職業追求，同時也是立身之本。就算我身為老闆，也仍不斷地強化個人品牌，提升自己在市場上的價值。

讓老闆對你120%滿意

稱職的人會讓老闆對他100%滿意，但到了明天、後天，這種滿意度通常會貶值，不再是100%滿意，可能變為「不滿意」。所以若想成為卓越的人，你就要讓老闆對你產生120%的滿意。

為什麼會說「讓老闆對你產生120%滿意」呢？因為在大多數人的想法中，只要努力工作，按部就班地完成老闆交代給我們的任務，工作不出現大的差錯，讓老闆產生100%滿意，這樣就夠了。

但我這裡提到：一定要讓老闆對你120%的滿意。這多出來的20%需要你在工作中加入變通的思維、創造性的方法才能夠獲得，但就是這關鍵的20%，才能讓老闆替你加薪晉級。其實有不少很簡單的方式，例如比老闆更晚下班等等。

你有沒有想過，雖然你今天的表現令老闆100%滿意，但到了明天、後天，這種滿意度會貶值，不再是100%滿意，而是「不滿意」了。可是，如果你用自己的主動與創造性將工作做到令老闆120%滿意，那你的表現就會讓他記憶深刻，不管在什麼時候，他都能立刻想到你，並委以重任，而這就是那20%的功效。

小張、小李、小劉是大學同班同學，畢業後三人進入同一家貿易公司上班，但他們的薪水卻大不相同：小張的薪水是35,000元，小李薪水30,000元，小劉薪水則是26,000元。有一天，他們大學的系主任來到這家公司洽談產學合作事宜，得知他們薪水之間的差距後，就去問總經理：「在學校，他們的成績都差不多呀，為什麼畢業才一年就有這麼大的差距？」

總經理聽完系主任的話，笑著對他說：「在學校，他們學習的僅是書本知識，但在公司裡，要的卻是執行結果。公司與學校的要求不同，員工的表現自然與學校成績不同，而薪水作為衡量的標準，當然會不同呀！」

看到系主任疑惑不解地皺著眉頭，總經理對他說：「這樣吧，我現在叫他們三人做相同的事情，你只要看他們的表現，就知道答案了。」

總經理把這三個人同時找來，然後對他們說：「請你們現在去調查一下停泊在港口邊的船。船上柚木的數量、價格和品質，詳細地記錄下來後，儘快給我答覆。」

一小時後，他們三人都回來了。小劉率先做了報告：「那港口有一個我的舊識，我給他打了電話，他願意幫我們的忙，明天給我消息。我和他關係很好，今天晚上我再催一催他，您放心，明天一定給您資料。」

接著，小李把他實際在船上調查的柚木數量、品質等詳細情況跟總經理報告。

輪到小張的時候，他首先同樣說明了柚木數量、品質等情況，還將船上最有價值的貨品詳細記錄下來。然後又說：「我已向林助理詢問您調查的目的，是想瞭解貨物的情況後，再與貨主談判。所以，我在回公司的途中，又打電話向另外兩家柚木公司詢問了相關貨物的品質、價格等。據我調查，這艘船上的柚木品質與價格都是比較好的，船主也稱他的貨品均是優良品，但我實際查看之後發現其實只有2／3是優良品，另外1／3是次級品，船主便隨即改口說價錢還可以再商量。我想這些資訊您明天談判時都能用得上。」語畢，總經理會心一笑，系主任恍然大悟。

相信任何人看到這個故事都會「恍然大悟」。小張能領到較高的薪水是因為他多做了20%的工作，老闆對他的滿意度自然也就增加了20%。而另外兩個人，如果說小李的工作稱得上讓老闆100%滿意的話，那小劉的工作就是沒有做到位了，長此以往，恐怕他連26,000元的薪水也很難保住。

而這就是差距！別小看那多做的一點點，你的命運往往就因為那「一點點」而改寫。再讓我們看看下面這個故事：

現已身為副總裁的海倫回憶說，她這一生中影響最深遠的一次升遷其實是由一件小事情促成的。

某天星期六下午，一位與海倫在同層樓辦公的律師走進來問有沒有一位速記員可以幫忙，他手頭有些工作必須今天完成。

海倫告訴他，公司所有速記員都去看棒球比賽了，如果再晚來五分鐘，自己也會離開。但海倫表示自己願意留下來協助他，因為「球賽隨時都可以看，但工作必須當天完成」。工作完成後，律師問海倫需要多少報酬，海倫開玩笑地回答：「哦，既然是你的工作，大約1,000美金吧。如果是別人的工作，我是不會收取任何費用的。」律師笑了笑，向海倫表示感謝。

海倫的回答不過是一個玩笑，並沒有真的想要1,000美金，但沒想到那位律師之後竟然真的付給她了。

就在六個月後，海倫早已將此事忘到九霄雲外，但那名律師找到了海倫，交給她1,000美金，並邀請她到自己的公司工作，薪水比她現在的薪水還高出1,000美金。

當初，海倫放棄了自己喜歡的棒球賽，因而多做了一點分外的工作，最初的動機不過是出自樂於助人，而不是金錢上的考慮，且海倫並沒有義務要去幫助他人。這段意外的插曲不僅為海倫增加了1,000美金的額外收入，還為她帶來比以前更好且收入更高的職務。

一般人認為，工作只要忠誠可靠、做到稱職就可以了，但其實遠遠不夠，若想贏得卓越，你就必須做得更多更好；多付出一點，才能得到更多的關注與青睞，獲得更多的回報。

讓老闆對你120％滿意，這並不難做到，只要你能更積極、更主動一點，將創意和用心融入到工作中，就能做到。但它又沒想像中那麼簡單，因為你必須持之以恆，不斷地努力，將「完美地完成任務」當作自己的使命與習慣。

因此，你不僅要超越100％，更要達到120％的滿意，才能讓你的競爭力遠遠高於其他人，很多時候，競爭力也取決於你對事情負責任的態度。

追求卓越，不然出局

不管你是在為公司工作，還是自行開創事業，無論在哪個位置，都不要輕視自己的工作與價值，要擔負起責任來，而且要盡可能地多去承擔責任；每份工作都值得你做到最好，每份工作最終勢必都會淘汰掉庸庸碌碌的人。

美國職籃（NBA）球星麥可・喬丹（Michael Jordan）的成功與輝煌告訴我們，一名球員，一支球隊，只有穩坐第一把交椅，才能掌握自己的命運。成功有很多種，但冠軍卻只有一個，唯有奪取冠軍，超越所有競爭對手，做到卓越，才能擁有榮譽和真正的成功，第二名其實並沒有立足之地。

就連美式足球著名教練文斯・隆巴迪（Lombardi Vince）也說：「美國人始終有著一股熱切的欲望，做什麼都想拿第一，贏了又贏。」

商業競爭乃至人生的競爭，與NBA遵循同樣的法則——追求卓越，不然就出局。追求卓越，做到最好；最好的思想；最好的員工；最好的產品；最好的服務。唯有不斷強化自己的核心競爭力，才能打敗競爭對手。管理大師路易斯・B・藍柏格（Lanberg）也認為：「不要退而求其次。安於平庸是最大的敵人，唯一的辦法便是追求卓越，不斷進步！」

「追求卓越」簡短四字，卻是能激勵無數人奮鬥不息的理念，是所有人最耳熟能詳的一句話；只要你有一定的知識基礎，在社會中磨練了一段時間，就不會對「追求卓越」這句話感到陌生。

其實，做到最棒、做到出色、做到卓越，不僅有益於公司和老闆，最大的受益者其實是自己。它意味著機會、加薪、升官以及其他更多的收益，包括金錢、權力、名望、歡樂、人際關係的和諧、精神上的啟發、信心、開放的心胸、耐性，以及其他任何你認為值得追求的東西。對事業的無限忠誠與執著，全力以赴追求卓越，一旦養成做到最棒的習慣，你將成為一個值得信賴的人，被老闆所器重，成為不可或缺和能被委以重任的人，在市場的競爭之中，永遠不會被打敗。你不但能安穩地保全工作，同時還有能力選擇工作，造就其他更偉大的成功。

2016年10月，某公司的行銷部經理帶領一組團隊參加某國際產品展示會。而在展示會之前，有很多事情要做，包括展位設計和佈置、產品組裝、資料整理和分裝等，都需要全體一同加班來完成。但行銷部經理帶去的那些員工中，大多數的人都和平常在公司時一樣，不肯多做一分鐘，一到下班時間，就鳥獸散，不是溜回飯店，就是逛大街悠閒去了。經理要求他們做事，他們竟然回嘴說：「沒加班費，憑什麼要我們做這麼多啊。」甚至還有人說：「你不過職位比我們高一點而已，何必那麼賣命呢？」

在展示會的前一天晚上，公司總經理親自來到展場，視察展場的準備情況。到達展場時，已是凌晨一點，見行銷部經理和一名員工正揮汗如雨地趴在地上，仔細地擦著裝修時沾附在地板上的塗料，讓老闆很感動，但他也很訝異沒看到其他的員工。兩人見到老闆，經理站起來對老闆說：「我失職了，沒能讓所有人都確實完成工作。」老闆拍拍他的肩膀，沒有責怪他，指著那位員工問：「他是因為你要求才留下來協助的嗎？」經理把情況跟老闆說了一遍：「這名員工是主動留下來工作的，他留下來時，其他人還一個勁地嘲笑他是傻瓜：『你賣什麼命啊，老闆不在這裡，就算累死他也看不到啊！還不如回飯店悠哉地睡上一覺！』」

老闆聽完這段話後，並沒有作出任何表示，只是指揮他的秘書和其他隨行人員一同協助收尾。

參展結束一回到公司，老闆就開除了那些沒有協助策展的員工；同時，將行銷部經理和那名幫忙的員工提拔晉升至各自適合的職位。

而那些被開除的員工不服氣地說：「我們不就是多睡了那幾個小時的覺嗎？憑什麼資遣我們？他也只不過是多做了幾個小時的工作，憑什麼升遷？」他們說的「他」就是那位留下來幫忙的員工。

而老闆給他們的答覆是：「用前途換取幾個小時的偷懶，是你們自己的選擇，沒有人逼迫你們那麼做，怪不得誰。而且，經過這件事我可以推斷，你們在平時也是用這樣的態度工作。雖然他只是多做了幾個小時的事情，但根據我事後的調查，他一直都是一位積極主動、不挑工作的人，平日裡默默地奉獻，比你們多付出了許多。所以晉升他，是對他過去默默工作的回報！」

Niche 3

你的「利基」＝你帶給企業的優勢

The Secret Of Niche

Niche

將利基發揮於工作，與企業同步成長

拉著企業奔跑，讓更多的機會青睞你

機會只垂青於有準備的人，需要我們主動去抓取。在公司中，只有那些將自己的才華、智慧毫無保留地奉獻給工作，用自身專業技能和過人的職業素養拉著企業奔跑的人，才能得到更多的機會。

機會面前人人平等，但機會並不會憑空授予每一個人，它需要你自己去爭取。而在一個企業裡，機會最多的員工肯定是那些肯拉著企業奔跑的人，因為只有不辱使命的員工，才能讓主管放心地把機會給他，沒有任何一位老闆會拿公司的存亡當賭注。

曾名列香港富豪榜第三位的鄭裕彤，他集「珠寶大王」、「地產大亨」、「酒店鉅子」等頭銜於一身，是香港金飾龍頭老大「周大福」的負責人。

二十世紀五〇年代，他涉足房地產，收穫頗豐，他興建、收購、管理的酒店有百餘家之多，打造了一個環球酒店王國。在商界，他因敢作敢為，決策大膽，被稱為「鯊膽大亨」；而他之所以能有今天的發展，全是因為他付出的努力，也正是因為這些努力讓他有了更多成功的機會。

1925年8月26日，鄭裕彤出生於一戶貧寒家庭。他為了節省家中開支，糊口飯吃，小學畢業後便不再升學，開始了不同於其他同齡小孩的人生。

1940年，十五歲的鄭裕彤到父親的朋友周至元所開的「周大福金店」當學徒。他從雜役做起，每天早早趕到店裡掃地、擦灰塵、倒垃圾、洗廁所……等，他清潔工作都做好之後，其他員工才姍姍而來，開店門做生意。那時，在店裡做事的員工都希望自己有朝一日能出人頭地，鄭裕彤也不例外。但鄭裕彤與一般員工不一樣，他特別愛動腦筋，想事情總想得比別人更多，什麼事情到他手裡都會有令人出乎意料的結果。

一天，周老闆派鄭裕彤去碼頭接一位香港親戚（周大福創始店位於廣州河南）。這時候，有一位南洋僑商下船後，就四處向人詢問哪兒能兑換港幣。鄭裕彤聽到靈機一動，走上前告訴他周大福金店可以換錢，匯率也最公道；隨即，鄭裕彤就把這名僑商帶去了周大福金店，又再趕回碼頭接老闆的親戚。而鄭裕彤的這一舉動得到了周老闆的肯定，開始留意起這位有心的小夥計。

還有一次開店好一會兒了，鄭裕彤才氣喘吁吁地來上班。周老闆覺得很奇怪，因為鄭裕彤平日裡比誰都早到，於是他把鄭裕彤叫到辦公室，打算問個究竟。

「你從哪裡來？為什麼遲到了？」

「我看人家珠寶行做生意去了。」

周老闆心裡暗暗吃驚，鄭裕彤確實不同於一般埋頭苦幹悶不出聲的員工啊。但他不動聲色，繼續問：「那你說說，你看出什麼名堂沒有？」

「我看別人家的生意比我們店裡做得精明，只要客人一踏進店門，店裡的老闆、員工就笑臉相迎，有問必答，無論生意大小，一視同仁；即使這回生意做不成，但給人家留下了一個好印象，下回定會再次光顧！」

周老闆聽了之後十分高興，他當然明白這些經商的訣竅，但從一個小學徒口中說出來，就更難能可貴了。老闆沉吟了一會兒，又問：「就只有這些？」

「當然還有，店面一定要選在黃金地段，門面還要裝潢得新穎別緻，尤其是珠寶行和金飾行的裝潢更要豪華氣派，不能簡陋，才能顯現出商品的價值。」鄭裕彤這一席話讓老闆對他更是刮目相看，認定這位小夥計將來定有前途。自那以後，周老闆有意栽培鄭裕彤，提拔他當店裡的主管，讓他充分施展才華，還將自己的寶貝女兒嫁給他，以便他能更踏實地替自己打理生意。

後來，鄭裕彤的機會不請自來。1945年，周老闆讓鄭裕彤到香港開設一家分店，鄭裕彤欣然接受了這項任務。

為了顯示出周大福金飾的富貴氣派，鄭裕彤跑遍了香港九龍所有的金銀珠寶行，集各家所長後，設計出一流的店面裝潢。不久，分店熱熱鬧鬧的開張，經營也很快步上正軌，營業額日益成長；後來，周老闆便把經營權全權交給了鄭裕彤，由鄭裕彤獨掌大旗。

在鄭裕彤的經營下，現在的周大福已然成為珠寶行和金飾的代名詞；而這不僅僅是周大福的成功，更是鄭裕彤的成功。

如果當年鄭裕彤像其他員工一樣，只懂得埋頭苦幹地工作，沒有去想如何將工作做到最好，引起老闆的注意，他不可能有日後這些發展的機會；而這就是優秀員工與普通員工的差別所在。

普通的員工，只願按照固有模式工作，而這種工作態度絕不可能有很大的發展機會；優秀的員工，總是善於創新，喜歡創造奇蹟，讓老闆覺得他不可替代，也因此為自己贏得更多的機會，展現出自己的能力遠高於其他人。下面關於馮躍的例子就是很好的證明。

馮躍是一家服裝公司的員工，幾天前，公司剛要他從技術部轉調到行銷部，雖然他已經出社會工作好幾年，能力成長不少；但從事行銷工作對他說是第一次，一切程序都不太熟悉，可他對未來還是充滿信心，堅信只要處處為公司著想，謹慎行事就不會出錯。

而就在他調來不久，底下一間生產工廠就出了一個大問題；有一批男裝針織外套因為沒做好縮水檢測，所有完成品都發生尺寸縮小的情形，無法出貨。但如果作廢，將是一筆很大的成本耗損，於是公司急忙召集高階主管及相關員工連夜討論因應辦法。

在討論會上，眾人七嘴八舌，紛紛出主意，但全都是些餿主意，沒有一個能讓老闆滿意。就在眾人一籌莫展之際，馮躍站了起來，他提議將有問題的成衣全部重新加工，根據尺寸改成相等比例的童衣，這樣既可以減少廠裡的成本損失，又能保全公司聲譽。這個建議一提出隨即得到老闆的認同，立刻決定由技術部負責設計，馮躍負責監督、聯繫後續的通路上架。

不久，童衣完成了，但馮躍檢查的時候仍發現有很多細節不合格，品質還有很大的問題。於是他不顧眾人反對的聲浪，堅持要求重新加工改善，因此得罪了一些人。老闆在得知這件事後，找他談話，拍著肩膀告訴他：「你這麼做是對的，公司的信譽和品牌最重要；如果再有什麼問題，你就請他們直接來找我。」

在老闆全力的支援下，不合格的衣服才得以順利再重新加工，完成後的童衣也迅速找到銷售商，且銷量十分得好。這次歪打正著獲得市場熱烈的反應，公司反而增加了童衣的業務範疇，進一步擴大了公司規模。

馮躍也因這次出色的表現得到老闆的嘉獎，更在一年後晉升部門主管。

一位優秀的人，必定是一位替企業著想的人，他們明白，唯有公司發展了，自己才有發展的機會；公司的品牌是砸不得的，一失足成千古恨。馮躍正因為深諳這個道理，目光因而比別人深遠、更勝一籌，比別人發展得更快，機會也更多。

有人總抱怨自己沒有機會，或總錯過機會，卻從不問問自己究竟為公司做了什麼，貢獻出什麼。機會始終只青睞於那些積極向上、肯付出，並帶頭衝刺的人。

全力激發你的潛能

一個人究竟擁有怎樣的能力並不重要，重要的是他能否將這些力量充分地發揮出來。懂得在前頭奔跑的人，能全力激發出自己的潛能，讓能量爆發出來，創造出比別人更優秀的成績。

上天賦予每個人的能力都是不一樣的，假如給了甲10成的能力，給了乙5成的能力，而卻只給了丙1成。但如果丙能將1成的能力全部使出來，就應該給他100分；乙若只拿出1成能力，只能得20分；甲拿出1成能力，則只能得到10分。有時候，一個人究竟擁有多少能力並不重要，重要的是他能否將這些能力充分地發揮出來。一個人即使只擁有一項專長，但如果能將專長不斷提高、不斷增強，那他就是成功的，遠比其他擁有十項長才卻不懂得發揮的人更能創造出優秀的成績。一個人的成績好壞，主要在於工作中的表現，工作表現主要以行為和結果為導向，知識和能力是核心，思考模式是周邊，態度則是第三層；一個人的知識、能力和思考模式通常不太容易提升或改變，但改變態度卻很簡單。

美國「公共議題基金會」曾對上班族進行了一項市調研究，其研究結果如下：25%以下的上班族說他們是用全部的潛能在做目前的工作；50%的人說他們只願用足夠的心力去完成目前的工作；有25%的人說他們以前比現在工作得更有效率。在藍領勞工方面則幾乎有60%的人認為他們現在不如以前努力。

很明顯，有超過四分之三的美國上班族感到無聊、大材小用以及沒有效率，他們的潛能得不到充分的發揮，不知道如何幫助自己或改變現狀。若要解決這個問題，你就要在眾人否定的言論中突出重圍、戰勝自我，發現並展現真實的自我。

有時候我們自認為的缺點，或旁人眼中所謂的「內在性格」，也許恰恰是我們潛能的所在。所以，我們要學會發掘自身的優點，讓自己多一份自信；且沒有人能夠在一生之中成功地、完全地實現「實在的自我」所具有的全部潛能。我們的「自我」，我們表現出來的「外顯的自己」從沒有徹底發揮過「實在的自我」中可能發揮的力量。實在的自我其實是不完美的，雖然它在畢生之中都朝著理想的目標前進，但卻從未達到過這個目標；而真實的自我不是靜止的東西，它是會活動的東西，它不是完整的，也不是確定的，但卻能一直茁壯成長。因此，不要逃避現實，逃避絕對不能戰勝自我，無論多麼痛苦，也必須面對，然後找出問題的根源；要給自己鼓勵，學習接受這種「實在的自我」，既要接受它的優點，也要接受它所有的缺點，因為它是我們表達「自我」的唯一工具，也是突破自我潛能最有效的辦法。

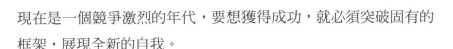

現在是一個競爭激烈的年代，要想獲得成功，就必須突破固有的框架，展現全新的自我。

一個人若不相信自己能夠做成一件從未為他人所做過的事時，他就永遠不會達成它。你若能覺悟到外力之不足，把一切都依賴於你自己內在的能力時，千萬不要懷疑你自己內心深處的聲音，要信任你自己，儘量表現你的個性。現在就來看看下面這個故事吧：

曉月在學校是一位眾所皆知的才女，她不但博學多聞，論口才與文采也是無人可與之媲美。大學畢業後，她在學校極力的推薦下，進入一家小有名氣的企業上班。

公司每週都要召開一次例會，討論公司計畫。每次開會大家都爭先恐後地急於表達自己的觀點和想法，只有她總是無聲無息地坐在旁邊不發一語。其實，她有很多好的想法和創意，但礙於心中的顧慮，始終不敢發言。一是怕自己剛剛到這裡便「妄開言論」，會被人認為是張揚愛現，過於鋒芒畢露；二是怕自己的建議不符合老闆的期望，被人看做是幼稚。因此，她就這樣在沉默中放棄了一次又一次可以表現自己的機會。有一天，她突然發現，所有同事都在力陳自己的觀點，似乎已經把她遺忘在那裡了，於是她開始想要扭轉局面，但一切為時已晚，再也沒有人願意聽她的聲音了；因為在所有人的心中，她已經成了一個沒有實力的花瓶。最後，她為自己當初保守的顧慮付出了慘痛的代價，失去了這份工作。

大膽地放開思路，突破自我思想的侷限，努力進取，才能獲得成功。能在市場上嶄露頭角不被取代的人，永遠是那些相信自己的人；是敢於想人所不敢想，為人所不敢為，不怕別人眼光的人；是勇敢而有創造力的人；更是那些勇於向規則挑戰的人。

這樣，你便擁有了最強的競爭優勢，更有利於激發自己的潛能，順利在職場中奪得一席。

帶頭奔跑，為公司創造輝煌的前景

企業中每位員工都有擔負起公司獲利的責任，所以只有不斷的往前衝，才能為公司創造輝煌的前景，為自己打造一片更廣闊的天空。

常有人說：「公司垮了是老闆的事，與我沒有關係，大不了換份工作。」這種人是典型沒有責任感的員工。「天下興亡，匹夫有責。」這句話也能換個方式，套用在員工和企業的關係上：「企業興亡，員工有責。」

身為員工不能只是一名旁觀者，不是企業養員工，而是員工用自己的能力與企業互相扶持，這樣公司才得以順利發展，你也才能有更大的舞台一展抱負；員工和企業兩者是雙贏雙輸、脣齒相依的關係，為公司出謀獻策不僅能協助公司成長，在此過程中收益最多的其實是你自己。

2015年4月19日，大陸央視播映《焦點訪談》，報導了「牛仔褲專家鄧建軍」背後的故事。

鄧建軍是江蘇常州黑牡丹集團的資深技工，也是全國首批七位「能工巧匠」之一，更是全國職工職業道德建設的「十大標兵」，曾受到胡錦濤兩次的接見。但鄧建軍不過是一名技工，為什麼卻能獲得如此眾多的榮譽呢？

這得益於他利用創新，在平凡的職位上作出了令人刮目相看的成績。黑牡丹集團董事長曹德法曾激動不已地說：「若沒有鄧建軍示範、帶領著研發團隊，我們公司可能就沒有今天！」

鄧建軍剛踏入職場的那幾年，是中國紡織業告別傳統「金梭銀梭」的年代（金梭銀梭是大陸八〇年代初廣泛傳唱的勸勉人們珍惜時光的抒情歌曲，最初是歌頌紡織工人的歌曲），中國企業特別缺少機電一體化的技術工人，而公司又剛好有一批進口的紡織機急需改造，鄧建軍便興沖沖地接手任務，但現場看過以後，背後不禁冒出一股冷汗。

幾十台機器的各種電路如一團亂麻，設計圖紙不知去向，一塊電路板上有2,000多個節點要一一做測試、分析和運算，改造這些進口的紡織機，是一份十分艱鉅的任務。但他決定牙一咬，從最簡單的製圖開始做起，每天蹲在機器旁邊十四個小時以上；而經過他的努力，這些機器終於改造完成，為公司節省了大筆的資金。

鄧建軍已在這份工作盡忠職守了二十六個年頭，他一直努力為公司創造效益，並視為自己義不容辭的責任。2012年8月，公司接下了「竹節牛仔布」的訂單，若黑牡丹集團無法如期將產品製作完成，按期交貨，公司不僅會丟掉400萬美元的訂單並支付違約金，還要將市場這塊大餅拱手讓人。

這時鄧建軍急了，他帶著研發小組持續熬夜加班了十五天，自行設計安裝了四台整經機（主要功能即是整經，可分為分批整經和分條整經兩類），成本僅為進口設備的1／8，順利讓公司按時交貨，且客戶滿意之餘，又續簽了八百多萬元的新訂單。

只要提起染漿聯合機的四次改造，黑牡丹集團的董事長曹德法就念念不忘地說：「鄧建軍所帶領的團隊，解決了連續生產不用停機這一難題，僅此一項就為公司創造了3,000多萬元的經濟效益。」

如果鄧建軍是一名沒有責任感、不為企業著想的員工，儘管他已工作了二十六年，也會像普通員工一樣，依賴著公司，無法為公司的發展使上一分力。但鄧建軍卻以公司為己任，他憑著個人的創新精神，將之融入工作之中，不僅為企業帶來輝煌，也替自己贏得職業生涯上的輝煌。

所以，員工必須關心公司的發展，心憂公司的興衰，與公司一同成長。在競爭激烈的社會，保持高度的危機意識是一名員工應具備的工作要素，員工的憂患意識更能決定企業的成敗衰榮。

綜觀當今社會，企業更新、淘汰的速度越來越快，呈現令人眼花繚亂的景象。當一些著名大企業江河日下、難挽頹勢之時，就會有一大批中小企業如旭日初升、光華顯現。

每天都有新的公司創立，每天也有一些公司倒閉，企業的生命週期越來越短，若想保持昔日輝煌是越發的困難；因此，從某種意義上來說，市場競爭是一場不進則退、永無止境的競賽。

比爾・蓋茲（Bill Gates）總向員工強調：「微軟距離破產永遠只有十八個月。」意在讓員工保持危機感和緊迫感；英特爾創辦人葛洛夫（Andrew Grove）也有一句名言：「唯有憂患意識，才能永遠長存。」並說英特爾公司始終戰戰兢兢，不敢有絲毫懈怠，對手永遠跟著我們；而海爾集團張瑞敏也說：「戰戰兢兢，如履薄冰的危機意識，早已深入企業每位員工內心的深處。」

這種強烈的憂患意識和危機理念賦予這些企業一種創新的急迫感和敏銳性，使企業始終保持著旺盛的創新能力。

我們的工作方式應隨著社會形勢不斷變化，相對的，我們的頭腦（不論是左腦還是右腦）也應該產生變化，如果你對這些變化不加以理會，甚至是消極沉溺，那就很危險了。

所以，你要拉著企業奔跑，具有憂患意識，才能保證企業在競爭路上過關斬將，遙遙領先。下面，讓我們看看松下幸之助是如何做的。

在松下公司還是一間無名小廠時，松下幸之助會親自帶著產品四處奔波推銷，充當業務員。每次他總要費盡唇舌，跟對方討價還價，直到對方讓步為止。

有一次，買主對松下幸之助那執著於價值的態度欽佩不已，向他討教原因。松下幸之助微微一笑，扶了扶自己那副舊式黑框大眼鏡，平靜地說：「每當我要脫口說『我就便宜賣給你吧』時，腦海就會突然浮現工廠的景象。那是什麼景象呢？那是正值盛夏、酷熱蒸人的工廠猶如熾火烤著鐵板，整座工廠宛如炙熱的地獄一般，辛勤揮汗的操作人員的臉部表情猙獰，勞苦難耐，每個人都汗如雨下。」就是這麼一幅場景，時刻激勵著松下幸之助不能懈怠，時時警惕自己必須兢兢業業地工作，要不然公司就會瀕臨瓦解，員工就會面臨失業，所以，他必須要有危機意識。在1960年時，松下公司已是日本乃至全球著名的大企業了，但松下幸之助仍精於工作、專注於事業，並帶領大家為企業的發展貢獻力量。如今，他的公司輝煌如舊，且仍不斷在創造事業高峰。

松下幸之助的一番心裡話，能讓每位員工領悟出其中的真諦；只有用智慧和努力，讓自己成為帶頭奔跑的人，才能贏得企業的輝煌前景，你的前景也會因此而輝煌。

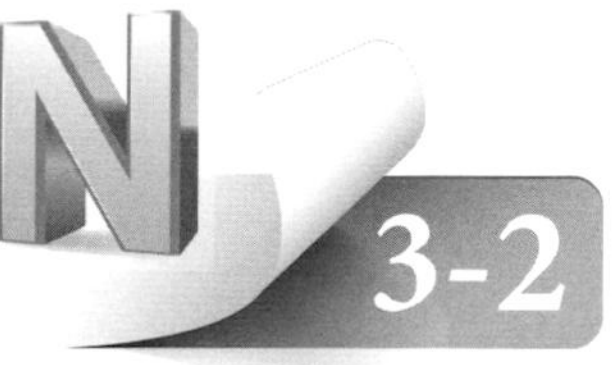

3-2 你就是拉著團隊奔跑的火車頭

沒有完美的個人，只有完美的團隊

一滴水只有融入大海才能生存，才足以掀起滔天巨浪；同樣地，一個人也只有融入團隊才能生存成長。放眼望去，一流的工作團隊，他們之所以出類拔萃，無非是團隊成員能拋開自我，彼此高度信賴，一致為團隊目標奉獻心力，達到近乎完美的結果。

一間企業的成功不是靠個人或幾個人就能完成的，它必須經過全體員工的努力。天才唯一無法取代的就是團隊合作，團隊既可以發揮每個人的最佳效能，又能產生最佳的群體效應；個體永遠存在缺陷，團隊卻可以克服個人的缺陷而創造完美。

美國生物學家華生（James Dewey Watson）和英國生物物理學家克里克（Francis Harry Compton Crick）之間的默契合作一直被科學界傳為佳話，他們之間的合作也是一個相互取長補短，共同進步的典範。

1953年3月7日，美國生物學家華生和英國生物物理學家克里克夜以繼日、廢寢忘食地工作，終於將他們想像中那無與倫比的DNA模型建構成功。

華生和克里克的這個模型正確地反映出DNA的分子結構，因而讓遺傳學和生物學的研究和認知，從細胞階段進入了分子階段。

儘管華生和克里克是個性相異的一對，但這並不妨礙他們之間漂亮的配合默契，他倆正像DNA鏈中的互補鹼基一樣完美配對。世界本就是多樣化的存在著，華生的浪漫思維和克里克的嚴謹推理恰好形成一個整體，讓他們共同摘取科學的桂冠。DNA結構的發現是科學史上最傳奇的「章節」之一，華生和克里克也因此打造了科學合作史上的「完美雙壁」。

他們的性格極不相同，華生發散的思維獨步天下，經常有異想天開的創舉，對他來說，思維和科學不存在框架，所以他天馬行空，根本不按常理出牌；而克里克正好相反，他以嚴謹的邏輯推理著稱，若沒有經過嚴密推理的結論，絕對無法獲得他的認可。

但他們確實是互補的一對，華生先突發奇想，再經過克里克嚴謹的論證，兩人一同造就DNA雙股螺旋結構的問世。假設他們個別單獨研究，想必華生只能終日沉浸在胡思亂想的構想當中，而克里克恐怕也只能在理論基礎內苦苦徘徊，最終也不會有結果。

合作的重要性不只體現於科學研究領域，在企業的發展中也是至關重要的一個因素。每個人都因為性格、學識、閱歷等各方面的限制，而很難獨立完成一件創造性的工作；如同 π 型人就算再有才能，也欠缺與人合作的意識，因此無法激發出不同的火花。

每個部門、每位員工都應從公司的整體利益出發，善於進行換位思考，發現別人的長處，也發現雙方的共同點，截長補短，樹立團隊的合作意識。同時，不斷培養身為企業員工的自豪感與認同感，深刻體會到在這個集體中，大家一起共同努力克服所有的困難，達成工作目標，累積個人成就感。

團隊精神可說是企業成功的要訣之一，也是企業選擇員工的標準之一，一間公司政策的延續性和它的團隊精神密不可分。同時，員工的團隊精神能否得到發揚，是決定工作成果的重要因素；所以，有志於拉著企業奔跑的人，就應該學會在與他人的合作中整合出更強的力量。

將個人目標融入團隊目標

作為團隊中的個體，只有把個人目標融入到團隊之中，憑藉著集體的力量，才能把自己不能完成的棘手問題解決好，達成個人目標與團體目標的協調統一。

絕大多數的人都會選擇在一間企業中打好自己事業的基礎，實現自己事業上的成功。但若要在一間公司中取得成功，只憑努力是遠遠不夠的，你還必須為企業創造利潤，用實際的工作績效證明自己的價值。

對企業而言，一個人的成功不是真正的成功，團隊的成功才是最大的成功；若要實現自己的工作價值，就應當將個人的人生戰略目標融入到團隊目標中。也只有這樣，才不致因為完成不好個人的工作而影響公司整體的利益。

有位年輕人大學剛畢業，順利應徵到一份工作。上班的第一天，他的主管就分配給他一項任務：為一家知名企業策劃一個廣告案。

由於是主管親自交代的，他不敢怠慢，埋頭認認真真地規劃起來。但他一個人悶著頭費勁地摸索了半個月，卻還是沒有弄出一個眉目來。

這份任務對他而言，顯然是一件難以獨立完成的工作，而主管之所以交給他這份工作目標，就是為了觀察他是否具有合作精神。偏偏這名年輕人不善於合作，既不向前輩和主管請教，也不懂得與同事一起合作討論，只憑一己之力就想完成，當然拿不出一個合格的企劃案來；當然，他也不是能高效完成工作的人。

在現代社會，一個人要出色、高效地完成自己的工作，最明智的做法就是充分利用團隊的力量，將個人目標融入到團隊目標之中；若只工作不合作，寧肯一頭栽進自己的專業之中，不願與同事有密切交流，最後的收穫也只會是失敗和低績效的評價。當你費了九牛二虎之力，好不容易在專業上有所突破的時候，人家可能早已遙遙領先，你的心血也就變成「明日黃花」了。

而且，將個人目標融入到團隊目標中，還可以增進你對工作的認同，從而大大提高工作熱情和效率。心理學家認為，一個人在團隊中最可惜的，就是自己的力量被抑制，無法有效發揮；原因有很多，欠缺團隊歸屬感是其中最主要的原因。缺乏歸屬感的人，是一個喪失做事的目標，只會為工作而工作的人，無法體會大家為著共同目標奮鬥的工作熱情。

一個人工作最大的動力不是職位，也不是薪酬，而是來自於真心喜歡他的工作與角色所激發出來的自發性和自主性。如果你認同團隊價值和目標，那麼你就能在融洽的人際環境中感受到工作獨特的價值；也就是說，你能從團隊成員的合作關係中找到工作的意義、工作的樂趣與幹勁。

古希臘哲學家蘇格拉底說過：「不懂得工作意義的人常視工作為勞役，則其身心亦充滿苦痛。」

劉暢是聯想集團生產部門的一名作業員，她的工作主要是負責將輸送帶上翻倒的零件撿起來，以確保生產過程不會中

斷。這個工作有點像交通警察，唯一不同的是她得整天盯著生產線看；這原本是極其枯燥乏味的工作，但當她真正體認到自己是傑出團隊的一分子後，她對工作的態度有了極大的轉變。

她說：「以前我總是很驕傲地說我在聯想公司工作，可是當別人問我具體負責什麼工作時，我就開始轉移話題，因為對我來說，要告訴別人我是生產線作業員是很難為情的事。但現在情況完全不一樣了，當有人問起同樣的問題時，我會說我是團隊的一分子，而我們的責任就是，為全世界的使用者製造出品質最好的產品。」

兩者之間的差異在於，以前她只是單純在工作上埋頭苦幹，現在她清楚地知道團隊目標，明白自己這份工作所代表的意義，每天努力地提升工作品質與生產力，並對自己的定位深感自豪。

羅萍是某知名服裝公司的縫紉女工，她說每天來上班「不光是在縫襯衫的袖子，而是在創造一個更美麗的世界」。

五星級飯店的清潔人員們也說「以為服務紳士淑女為榮」，因為他們認識到自己不只是單純的清潔人員，而是向房客（也就是所謂的紳士淑女）提供高品質服務的人。

如果我們每個人都能深刻地體認到工作真正的意義，認清自己與公司的關係，企業的使命也將變成自己的使命。上述這些人在原本的工作認知上產生了本質上的變化，同樣的工作內容和方式，若融入了團隊意識，將會使他們在心態上、精神上產生巨大的改變，原本單調的工作昇華為精緻的服務，由工作的本體轉變到廣大顧客的福祉上；因為他們瞭解並掌握工作的意義，而能真正樂在工作，與工作一起成長。

在這個個性張揚、共性奇缺的時代，許多企業老闆越來越重視具有團隊意識的員工。微軟公司一位人力資源主管指出：「現代年輕人在職場中，普遍表現出來的是自負和自傲，使他們在融入工作環境方面顯得緩慢和困難。他們缺乏團隊合作精神，任務都是自己完成，不願和同事一起想辦法，每個人都會作出不同的結果，最後卻對公司的營收一點幫助也沒有。」

你要知道，公司是一個團隊，有自身的規劃和團隊目標，這與我們個人的目標是不一樣的，若你在一間公司只顧著自己忙，而不去關心企業目標和部門合作，最後忙碌的結果很可能是為公司提供無效的勞動。而團隊合作中最重要的一點是資訊對稱，我時常教育我的員工們要橫向流動，才有利於彼此間的配合。

相信自己是一隻狼

俗話說：「火車跑得快，全靠車頭帶。」在團隊中，一個人的精神和素養可以感染其他人，只有大家朝著相同的目標奮鬥，團隊才能體現出最大的能量。

狼群內部有著森嚴的階級差別，兩隻狼相逢，強壯的那隻會將尾巴高傲地豎起，兩耳伸向前方，氣度昂然；另一隻則會謙卑地垂下頭來，蜷縮起尾巴，閃到一旁。

且所有的狼，都會拜倒、臣服在狼王腳下，狼王在狼群中有著無可替代的重要性，不但要具備強健的身軀、高超的生存技能，還要有「領軍打仗」的本領，帶領狼群奮勇往前衝，開拓一片新的領域，擴展牠們的生活範圍。而中國第一汽車集團的李駿就是這樣一隻拉著團隊向前衝的狼。

李駿是中國第一汽車（簡稱一汽）培養的引擎博士，以科技報國是他的畢生追求和勤奮工作的力量源泉。

在李駿攻讀博士學位時，他的導師就是一汽總工程師陸孝寬，且他的博士論文就是以一汽產品的技術改造為研究方向。1998年李駿完成博士學業，隨即主動爭取到一汽工作；一汽的技術中心雖然是中國汽車業內最頂尖的研究所，但對汽車引擎的基礎技術卻很薄弱，如果基礎技術跟不上創新應用技術的開發，失去的不僅是一汽產品的前景，更是整個中國汽車工業的未來。

所以，李駿義無反顧地選擇了基礎研究，一做就是十年。他到技術中心第一件事就是建立引擎單缸機試驗室，為了早日建成試驗室，他有時還會和工人在悶熱的工廠裡連續工作十幾個小時，經常被噴得滿身機油。有人對他說：「你是這個技術中心唯一的博士，有必要這麼委屈做這些雜務嗎？」李駿說：「為了加快進度，只能這樣做。」

有一年的春節，小年夜當天下午，其他辦公室、試驗室的人都走光了，可李駿還在機器轟鳴的工廠忙碌著。中心負責人在巡視檢查時看到滿身油污的李駿，心疼地說：「平時加班我不說你，可明晚就是除夕夜要過年了呀……」李駿這才想起妻子有囑咐他今天早點回家。

經過一年多的艱苦努力，李駿僅花了十幾萬元，就建成了國內最先進的引擎單缸機試驗室，節省了一百多萬元的資金。

1999年，李駿擔起了奧威引擎專案研發技術總負責人的重任。在兩年半的時間裡，李駿爭分奪秒地奔波於國內外，既要負責項目評審，又要掌握整個專案的進度；他經常說得幾個字就是「搶」、「擠」、「學」。

「搶」就是要把汽車工業落後的時間搶回來，而「擠」就是把國外的經驗像「擠牙膏」一樣擠出來，「學」就是透過合作開發把國外研發設計的好方法學到手。他進行了科學縝密的安排，在關鍵技術上對項目組嚴格把關、指導，使專案成員的能力快速成長，實現了與國外專家在技術上對等的合作，並獨立完成了中方承擔的相關性能開發、可靠性開發任務。在性能開發中，國外專家設計的缸蓋在可靠性試驗時裂開，改進後還是解決不了問題，李駿立即組織設計人員，把整個缸蓋切成小塊詳細剖析，發現內部結構不合理，要求國外技術人員必須重做。對方的副總裁還專程來到中國，看到一汽技術中心的現場工作和分析報告後，對李駿和專案成員認真負責的工作態度和對產品的分析判斷能力肅然起敬，伸出了大拇指說：「你們是正確的。」他們最後採用了李駿的方案，使問題得到徹底解決。

在管理學界，有句話是這樣說的：「一頭獅子帶領的一群綿羊會打敗一隻綿羊帶領的一群獅子。」這句話指出團隊領導者對團隊戰鬥力、生存力、發展力的決定性影響，所以，一位領導者的作為與否，直接影響著團隊效能的發揮。

相信自己是一隻狼王，培養自己的品質與優勢能力，用自己的行動帶動團隊中的成員，大家向著一個目標齊心前進，你的團隊將是一個勢不可當的優秀團隊；你的公司將是一個能長久立於強者之林的不敗企業。

學會信任和分享

互信才能合作，分享才能共贏，任何成功都建立在互信合作的基礎上，任何成功都是彼此智慧的結晶，是共同勞動的結果。為了打造優質團隊，並成就常青企業，身為公司的一員，你就必須學會信任和分享。

贏得他人信任是團隊合作的前提，如果團隊成員之間對彼此的品質產生懷疑，很難想像他們能為了團隊的共同目標而毫無猜忌地竭誠合作。當然，我們對這種團隊中的信任應做廣義的理解，不僅包括對個人品質的信任，還包含對專業能力的信任。

如果團隊成員對彼此的個人品質產生懷疑，他們之間就很難建立坦誠、互信的合作關係；同樣，如果對彼此的專業能力不放心，他們勢必也不敢全心全意地投入到所合作的事業上。要贏得他人信任必須具備優秀的個人品質及紮實的專業技能，作為團隊成員，必須誠信、負責，對自己所經手或承辦的事誠信、負責，也對團隊其他成員誠信、負責。時刻牢記自己是團隊的一員，清楚知道自己所從事的工作；關係到整個團隊目標的實現與否，關係到其他成員事業的成功與否。

在一個企業中，隨著知識型員工的增加，每位成員的專長可能都不一樣，每個人都可能是某個領域的專家。所以，任何人都不能自恃甚高，應保持謙虛的態度，並時常審視自己的缺點，不斷地完善自我。狂妄自大的員工通常很難獲得他人的認可，難以融入整個團隊中；誠信、負責、謙虛的人品或許能讓你贏得他人對你個人的信任，但不足以對你產生工作上的信任。若想獲得別人對你工作的信任，你就必須具備優秀的專業技能，故團隊成員除了修身養性外，還必須不斷學習，提高工作技能，以便更好、更快地實現團隊目標。

信任是互相的，對於企業中的每個人來說，贏得他人信任的同時也要信任他人。每個人都應具備豁達的胸襟，充分信任他人，認可別人的個人品質及專業素養。或許你認為他在某些方面不如你，但你更應該看到他的強項和優點，寄予認同。每個人都有被別人重視的需要，特別是那些具有創造力的知識型員工更是如此，有時一句小小的鼓勵和贊許，就可以讓他釋放出無限的工作熱情。

而除了信任別人之外，身為團隊的一員，你還應當養成與別人互惠互助，一起分享勝利果實的好習慣，只有這樣，才能形成互相合作的團隊氛圍，讓彼此之間的核心競爭力結合在一起，一同為公司付出，發揮強大的綜效。

有一名精明的荷蘭花草商人，千里迢迢地遠從非洲引進一種名貴的花卉，培育在自己的花園裡，準備將來能賣個好價錢。商人對這種名貴的花卉愛護備至，許多親朋好友向他索取，原先一向慷慨大方的他，這次卻連一粒種子也捨不得給；他預計培植三年，等擁有上萬株後再開始出售和饋贈。

第一年春天花開了，花園裡奼紫嫣紅，那種名貴的花開得尤其漂亮，就像一縷縷明媚的陽光。第二年春天，花已經培育了五、六千株，但他和朋友們發現，今年的花沒有去年開得好，花朵變小不說，還帶有一點點的雜色，不如去年純淨的顏色。到了第三年春天，那名貴的花已培植出上萬株，但商人卻十分沮喪，因為這些花的花朵變得更小了，花色也跟之前完全不同了，絲毫沒有最一開始的那種雍容、高貴。想當然，他沒能靠這些花賺進一大筆財富。

難道是這些花退化了嗎？可非洲人年年培育這種花，大面積、年復一年地種植，並沒有見過這種花退化呀。商人百思不得其解，只好去請教一位植物學家。植物學家拄著拐杖來到他的花園看了看，問他：「你這隔壁是什麼？」

他說：「隔壁是別人的花園。」

植物學家又問他：「他們種植的也是這種花嗎？」

他搖搖頭說：「這種花在全荷蘭，甚至整個歐洲只有我一個人有，他們種得花都是些鬱金香、玫瑰、金盞菊之類的普通花卉。」

植物學家沉吟了半天說：「我知道你這名貴之花不再高貴的致命因素了。」

植物學家接著說：「儘管你的花園裡種滿了這種名貴之花，但毗鄰的花園卻種植著其他花卉，你的這種名貴之花被風傳授了花粉後，又染上了別的花園裡其他品種的花粉；所以，你的花才會一年不如一年，越來越不雍容華貴。」

商人問植物學家該怎麼辦，植物學家說：「誰能阻擋得住風傳授花粉呢？若你想讓花不失本色，只有一種辦法，那就是讓你的鄰居也種上你這種花。」於是商人把花的種子分給了周遭鄰居。而到了次年春天花開的時候，商人和鄰居的花園幾乎成了這種名貴之花的海洋——各個花朵又肥又大，花色典雅，朵朵流光溢彩，雍容華貴。這些花一上市，立即被搶購一空，商人和他的鄰居們都發了大財。

花草商人起初之所以事與願違，是因為他不懂得這樣一個簡單的道理：人普遍都是利己的，但給予總是相互的。我們都不是孤立地存在於社會之中的，人與人之間有著各式各樣的密切聯繫，需要直接或間接的給予和接受，無論少了哪個環節，都必將影響到不可分割的整體，自己也必然受到一定的影響。只有自己能夠信任他人並能與別人分享時，才能取得雙贏的成果。

互信才能合作，分享才能共贏。任何成功都建立在互信合作的基礎上，所有成功都是團隊智慧的結晶，是共同勞動的結果；若想團隊之間合作得更好，共同推動企業向前發展，我們就要學會信任和分享。

 用你的熱情感染所有的人

如果你是一位樂觀積極、充滿熱情的人，那麼周圍所有的人都會感受到你的熱情，他們也會因此而變得充滿熱情起來。

一支正在執行作戰任務的艦隊，若有了正確的戰略和船長的合理指揮，船員們在鬥志昂揚的狀態下，就一定能打勝仗。公司團隊也是如此，如果公司裡工作氛圍融洽、員工工作積極性高，就能提高工作效率，工作成果也會穩步提高。用你的熱情感染所有的人，讓快樂的情緒充滿公司每一個角落，那麼整間公司就會是一個充滿幹勁和戰鬥力的團隊。

熱情是具有感染力的，如果你是一位樂觀積極、充滿熱情的人，那麼周圍所有的人都會感受到，他們也會因此充滿熱情；反之，如果你整天鬱鬱寡歡、毫無活力，那麼你周圍的人也會受到這種負面情緒的「污染」，變得缺乏活力、毫無生氣。心理學上有一個「踢貓效應」的故事，它就具體地說明了這一點，讓我們一起看看下面這個小故事。

一名老闆因急於趕去公司，所以闖了兩個紅燈，結果被警察開了兩張罰單。他感到十分生氣，抱怨說：「今天活該倒楣！」

到了辦公室，他把秘書叫進來問道：「我轉給你的那五封信處理好沒有？」她回答說：「沒有。我……」

老闆立刻火冒三丈，指責秘書說：「不要找任何藉口！你最好趕快處理好那些信。如果你辦不到，那我就交給別人辦，雖然你已在這兒幹了三年，但並不代表這工作就非你不可！」

秘書用力關上老闆的門出來，抱怨說：「真是糟透了！三年來，我一直盡力做好這份工作，經常加班辦公，現在因為我無法同時做好兩件事，就恐嚇要辭退我？豈有此理！」

秘書下班後仍然怒氣難消。她回到家，看到八歲的兒子正躺著看電視，短褲上破了一個大洞，她看了更是怒火中燒，厲聲嚷嚷道：「我告訴你多少次了，放學後不要到處去玩，你就是不聽，你看！玩到褲子都破了。現在你給我回房間去，晚飯也別吃了，這個星期不准你看電視！」

兒子一邊走出客廳一邊說：「真是莫名其妙！媽媽也不給我機會解釋到底發生了什麼事，就沖我發火。」就在這時，他的貓走到面前。男孩狠狠地踢了貓一腳，罵道：「給我滾出去！你這隻該死的臭貓！」

這個故事說明了壞情緒是可以傳染的，如果你不能充滿熱情地將自己投入到工作之中，用自己的熱情感染周圍的同事，那麼你就不是一位合格的工作夥伴，更不用說你多有才能，讓公司賺多少錢。

IBM公司的人力資源部部長曾對記者說：「從人力資源的角度而言，我們希望招募到的員工都是對工作充滿熱情的人，儘管他們可能對行業涉獵不深，年紀尚輕，可一旦他們投入工作之中，所有的難題都不再是難題了，因為熱情會激發他們身上每一個鑽研的細胞，動力十足的去完成。另外，他周圍的同事也會被他所感染，進而對工作產生出同等的熱情。」

熱情，作為一種精神狀態是可以互相感染的，如果你始終以最佳的精神狀態出現在辦公室，工作就有效率，同事也會因此受你鼓舞，熱情會像野火般蔓延開來。

熱情可以感染所有的人，團結企業內部的每一個人，提高整個團隊的士氣和凝聚力。如果公司內每位員工都能在工作中投入滿腔的熱情，那麼大家就能齊心協力，將企業打造成一個不會輕易被打敗的團隊。

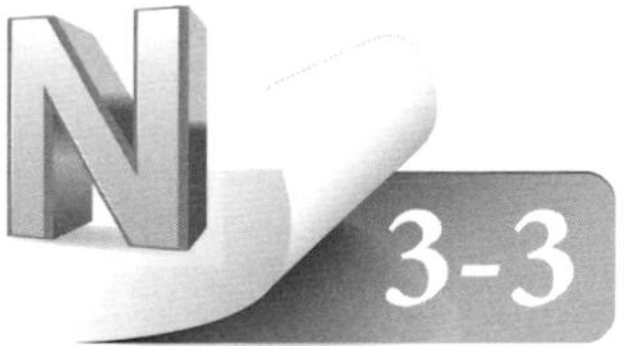

用你的利基，帶動公司的競爭力

由你領軍，打造公司與個人的核心競爭力

無論是做最好的球員，還是做公司裡的菁英員工，你都應該要求自己有最好的表現，做出最好的表率，用最有效的方法做事，追求高品質、高效率；只有這樣，你才能擁有競爭力，打敗眾多的競爭對手。

NBA那些優秀的球員，之所以能在球隊安身立命，在籃球領域獨領風騷，正是因為他們優秀的技能和卓越的職業精神，帶動球隊朝著同一個方向共同努力，不但讓自己具備獨特的競爭力，更打造出球隊的核心競爭力。

麥可・喬丹（Michael Jordan）是眾人驚嘆的籃球界「精英」，若他僅憑天生的身體素質，或許也能成為一流球星，但絕不會成為一位偉大並具有象徵性的人物。喬丹征服人心的是他那出神入化、令人歎為觀止的球技，他打起球來是那麼的流暢、那麼的自然，又是那麼的活躍、那麼的富於變化，你永遠無法預期他下一個動作會是什麼；他每一場球，都盡力發揮出自己最佳的實力，打出最漂亮的成績。

喬丹是一名全能型球員，場上五個攻防位置他都能打，而且還能示範出多種高超的打法。他的球技神出鬼沒，當他需要彈跳和力量的時候，他可以跳到二公尺高的巨人的肩膀上，並隔著兩個人奮力灌籃；當他需要展現飛行的時候，他可以從罰球線起跳，把球塞入籃框——歷史上只有三個人能進行這項表演，但唯有他輕鬆且從容；當他想娛樂觀眾的時候，他可以在空中跨步、轉體，在空中用各種花式灌籃，他曾在1987年、1988年連奪兩次花式灌籃大賽的冠軍。

他在空中的靈感無窮無盡，在空中的姿態無與倫比，達到隨心所欲、無所不能的境界。他最為得意的是他在空中閃躲和滯留的技巧，他的對手「魔術強森」曾說：「喬丹跟你一塊兒跳起來，但他會把球放在腹下，等你落地了，他才投籃。」這是他的一項絕活。更絕的是，他可以在空中任意改變方向，把防守者引誘到這邊來封阻後，又突然把球轉到那一邊，把對手耍得團團轉，他才心滿意足地上籃得分。

雖然喬丹個人的優勢很明顯，但他也會巧妙地配合同伴，幫隊友助攻，替他們製造投籃得分的機會，他的球品在籃球界裡是有口皆碑的。

所以喬丹帶給球隊的，不僅是無與倫比的球技，更包括他對籃球的深入瞭解。他具有無可比擬的身體控制能力，好像魔術一般，變幻出各式各樣、過人的控球和投籃技巧，總能在較低的位置運球；他的姿勢如在弦之箭，一觸即發。他的身高只有1.98公尺，在巨人林立的NBA中雖然並不出眾，力量似乎也沒有十分充裕，但他善於發揮自己的優勢，在巨人叢中鑽來鑽去，帶領團隊贏得勝利、創造佳績。

只有做到最棒，才能打敗競爭對手

像籃球比賽一樣，商業競爭往往也是速度與技術的競爭。許多名列全球五百強的企業，它們之所以優秀，就是因為公司中有一群拉著團隊奔跑的人，他們無時無刻都在奉獻著自己的力量，使企業領先對手半步；半步之距，便可打敗競爭對手。

美國郵政服務公司、美國包裹郵遞服務公司……等郵遞公司都曾問過客戶這樣一個問題：「如果我們提供快遞服務，你們願意多付一點費用嗎？」

「不願意！」回答是異口同聲的，「我們不願為快速郵遞多付費用，哪怕只要1美分而已。」

因此，不少公司都放棄開發這塊領域的商機，只有美國聯邦快遞公司總裁弗雷德·史密斯不相信這一點，他認為這項服務一定要實際施行後，才能看到真正的效果；因此，他決定透過自己的聯邦快遞公司來證明其便捷性。

公司剛成立時，幾乎無法生存下去，但好險他們有著共同的夢想，堅持為自己的快遞服務建立起一種需求欲望，聯邦快遞公司才能堅持下來，並不斷發展壯大。他們擴展公司業務，將他們服務的快遞時間設定為最多兩天；之後，他們不僅僅建立了一種市場需求渴望，還最先將這種理念引進市場，獨步全球。

正是因為他們率先邁出第一步，才能在競爭中領先，取得優勢。

一支球隊只有領先，才能奪得冠軍；一個企業，只有優秀，才能生存；一名員工，只有卓越，才能成功。因此，我們都要培養拉著企業奔跑的信念與能力，只有每位員工都秉持這一理念，每一步都堅持這樣做，整個團隊和企業才具備競爭優勢，成為業界的龍頭。

為自己工作：具備卓越的企業家精神

為自己工作，具備卓越的企業家精神，是成功者應當具備的方式。

1944年，巴頓將軍（George S. Patton）率領第三軍團在法國長驅直入，佔領了蒂埃利堡區，包圍了維特里勒弗朗索瓦、夏隆和蘭斯。他費了九牛二虎之力才說服布雷德利將軍繼續向馬士河（又稱馬斯河）進攻。在巴頓看來，8月29日是這場戰爭中生死攸關的日子，他命令第十二旅的士兵向科默尼運動，又指揮第二十旅的士兵朝凡爾登迅速前進，必須在德軍尚未派兵進駐之前，渡過馬士河。

可是到了29日，巴頓將軍突然接到報告說，預定在當天到達的十四萬加侖的汽油還沒有送到。剛開始他以為，這不過是為了減慢他前進的速度而搞出的一個鬼名堂。後來才發現情況並不是這樣，汽油未到達的原因是最高統帥改變了計畫，所有的補給品，都被投入另一個進攻方向——戰線的北方。

巴頓將軍大為惱火，他認為，如果就此停止前進，將是整場戰爭中最嚴重的錯誤。這意味著無數優秀士兵可能葬送他們的性命，將在渡河的戰鬥中犧牲。

巴頓將軍逕自來到最前線的指揮所，他直接用電話下令，命令部隊把3／4坦克中的汽油抽取出來，使用另外1／4的坦克向前開進。所有部隊繼續前進，直到坦克跑不動為止，然後再爬出坦克，步行前進！

巴頓再三強調，渡過馬士河的命令是強制性的，戰爭的教訓告訴他，地面部隊必須堅持不停止、殘酷無情地向前推進。

多流一品脫的汗水，就是少流一加侖的鮮血；而戰局最終結果證明了巴頓將軍的英明和他正確的指揮。

二戰時期的盟軍總司令艾森豪（Dwight D. Eisenhower）總說，任何人都能在地圖上畫出一個進攻的箭頭，但問題是誰來實現它。而能夠實現這些箭頭的人，正是像巴頓將軍一樣積極主動的軍官和士兵。

在任何時候，行動起來，做你認為需要做的事，不要等待命令，放手去做，把自己視為公司的老闆，對你的所作所為負起責任，並在持續不斷的覆命中找出解決問題的方法，克服執行上的困難與障礙。

如果能做到這點，你的表現自然而然就能達到嶄新的境界，你的工作品質以及工作中所獲得的滿足感都將掌握在你自己手裡。

挑戰自己，為成功全力以赴，一肩挑起失敗的責任；不管薪水由誰支付，最終分析起來，也只有你能做自己的老闆。

每天上班打卡，混過八個小時重複性的工作之後，便打卡下班的員工，在現代的競爭中已沒有存活的空間。

對公司忠心耿耿固然很好，但你不會因為貢獻「時間」給公司，就獲得額外的獎勵。除了做好自己分內的工作之外，你還要盡量找機會為公司作出額外的貢獻，讓公司覺得你物超所值，也讓自己的能力被看到。

千萬不要只做分內的工作，儘量替自己找事情做，下班之後還要繼續在工作職位上努力，盡力尋找機會提升自己的價值，讓自己的價值超過公司僱用你所付出的成本，彰顯自己的重要性；當你不在工作職位上的時候，公司的運作會窒礙難行，形成自己那不可被取代的競爭優勢，你的位置（Niche）將不會被他人佔去。

激勵他人完成任務，培養合作的關係，以公司的成功為己任，為自己所屬的部門規劃遠景。如果你讓自己具備老闆的心態，能讓你擁有更大的施展空間，且在掌握、實踐機會的同時，也能為結果負起責任。

這是你的大好機會，視自己為公司的老闆，在工作上發光發熱，培養出卓越的企業家精神，並且為支付你薪酬的人創造出一番新氣象，形成雙贏win-win的局面。

要做就做到最好，否則就不做

如果你能盡到自己的本分，盡力完成自己應該做的事情，那總有一天，你能隨心所欲地從事自己想要做的事情。

不論什麼行業、什麼工作，只要值得做，就應該做到最好。成功學家格蘭特納說：「如果你有自己繫鞋帶的能力，那你就有上天摘星星的機會。」威爾許（Jack Welch）也說：「要去摘星星，而不是沉迷於『令人厭煩的』小數點。」當你選擇一份工作時，其實也是選擇了一種生活方式，你可以湊湊合合地把活幹完，讓別人在背後指指點點；也可以把工作做得漂漂亮亮，用行動贏得別人的尊重。既然做了一件事，就把它做成功，若只曉得抱怨工作或薪水，那絕對不會使你成功，你務必要把焦點放在努力上。

想成功，就要作出傲人的成績；想成就事業、創造財富，就必須將自己的才能發揮到最大化，使出全部的力量，盡最大的努力把事情做好。所謂「謀事在人，成事在天」，我認為更應該改為「謀事在人，成事亦在人」，這個「人」就是那些能帶著團隊勇往直前的人，也就是「你」自己。

但在現今的職場中，很多員工凡事得過且過，做事做不到最好，無法做到位，工作中經常會出現這樣的現象：

- 5%的人看不出來是在工作，能偷懶就偷懶，閒聊、睡覺、上網，一下班就不見人影。
- 10%的人正在等待，被動地等著老闆的吩咐。
- 20%的人在為增加庫存而工作，將簡單的問題複雜化，把工作做成一鍋粥，整天一團混亂。
- 10%的人沒有對公司作出貢獻，雖然在做，卻是無效勞動；
- 25%的人按照最低的標準或方法工作，缺乏靈活的思考和智慧，手忙腳亂，總最後一個才完成任務的人。
- 只有15%的人屬於正常範圍，但績效仍然不高，因為他們工作時並未踏踏實實，並沒有全力以赴。

每個人都有自己的職位，每個人都有自己做事的準則。醫生的職責是懸壺濟世；軍人的職責是保家衛國；教師的職責是教育英才；工人的職責是生產合格的產品……社會上，每個人的位置都不同，職責也有所差異，但不同的位置對每個人都有一個最起碼的要求，那就是做事做到位，要做就做到最好，否則就不要做。就如同增強競爭力一樣，你要不斷地強化自己的利基，強還要更強，成為領域、公司中的佼佼者。

王建文是一家汽車修理廠的修理工，技術很好，但老愛喋喋不休地抱怨工作。

「修理這活兒太髒了，瞧瞧我這身上弄的。」

「好累呀，我真的討厭死這份工作了。」

諸如此類的不滿很多，他幾乎每天都在抱怨和不滿的情緒中度過，認為自己備受煎熬，像奴隸一樣在賣苦力。因此，他時時刻刻都在窺探著老闆的眼神與行動，只要一有機會，便混水摸魚，隨便應付手中的工作。

轉眼幾年過去了，當時與王建文一同進廠的三位工人，各自憑著工作中所磨練出的精湛手藝，加薪晉升、到科技大學進修，或是獨當一面，開創屬於自己的新未來，唯有他仍在抱怨聲中做著同樣的事情，從事著他最討厭的工作。

王建文的教訓讓人反思：要做就要做到最好，否則只是在浪費自己的時間，影響的也只是自己的前程。

其實工作不分貴賤，任何工作都值得好好去做。很多人都認為自己所從事的工作無足輕重，因而敷衍了事，根本沒有清楚認識到自己在工作中的價值，談不上做到好，更不可能做到最好。他們經常將心思放在如何找到一份錢多、事少、離家近的新工作上，但這種對待工作的態度，要想找一份好工作，那不是癡心妄想嗎？畢竟你連自己的個人價值都展現不出來，還談什麼核心競爭力呢？

其實，各行各業都有施展才華和加薪晉升的機會，關鍵在於你是否用積極主動的態度來對待你的工作，在工作中是否有做到最好，發揮自己最大的能量。

無論何時何地，你都不能瞧不起自己的工作，現在職務能帶給你什麼並不重要，重要的是，你在這個職位上能為公司帶來什麼，你能展現什麼給老闆看？讓他知道你的價值在哪裡；因此，不管做什麼工作，你都要盡自己最大的努力，全力以赴地將工作做到好、做到位。

要做就做到最好，這是每個人工作卓越的前提。若你總是偷工減料，懶散怠工，那該如何將工作做好呢？職場中不需要花瓶，你若不想被取代，就必須付出百分百的努力。

要嘛不做，要做就做到最好，因為只有充分發揮自己的聰明才智，對每一項工作都盡心盡力，才會越來越能幹；妥善發揮自己的核心競爭力，才能取得競爭優勢，獲得更多的發展機會。

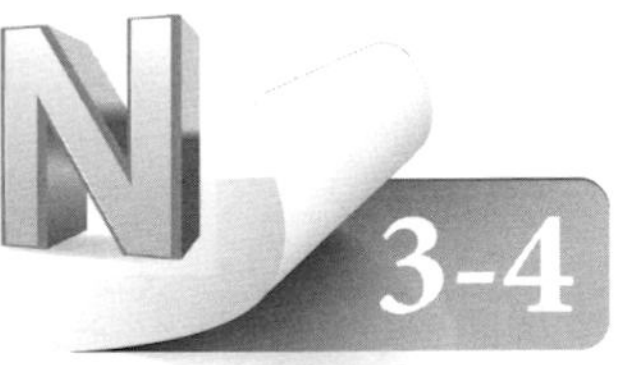

3-4 用充分的熱情和準備，展現競爭力

用100%的熱情做好1%的事

有競爭優勢的人，做什麼事情都充滿著熱情，永遠會拿出100%的熱情來對待1%的事情，而不去計較事情是多麼的「微不足道」，而這也是卓越者與平庸者之間的差別。

對於職場人士來說，熱情就如同生命。憑藉熱情，我們可以釋放出潛在的巨大能量，發展出一種堅強的個性；憑藉熱情，我們可以把枯燥乏味的工作變得生動有趣，使自己充滿活力，培養自己對事業的狂熱追求；憑藉熱情，我們可以感染周圍的同事，讓他們理解我們、支持我們，擁有良好的人際關係；憑藉熱情，我們可以獲得老闆的提拔和重用，贏得寶貴的成長和發展的機會。

歷史上許多巨變和奇蹟，不論是社會、經濟、哲學或是藝術的研究和發展，都是因為參與者注入100%的熱情才得以成功。拿破崙發動一場戰役只需要兩週的準備時間，但若換成別人則可能需要一年，之所以會有這麼大的差別，就是因為他對於在戰場上取勝擁有無與倫比的熱情。

一個晴朗的下午，美國作家威·萊·菲爾普斯在紐約第五大道逛街，突然想到襪子已經穿破了，需要再買雙新的，但要買哪種款式，他並沒有什麼特別的想法。他看到一家襪子店就直接走了進去，一位感覺尚未成年的年輕店員向他迎面走來，詢問道：「先生，您需要什麼？」

「我想買雙襪子。」作家回他，這位少年眼睛閃著光芒，話語裡充滿著無比地熱情說：「您知道這是世界上最好的襪子店嗎？」作家一愣，他根本沒有注意到這件事情，而且也絕對不會去在意，他只是為了買雙襪子才走進這家店，純粹就是一種偶然。

少年積極熱情地從貨架上取下幾雙包裝不同的襪子，並快速地打開，一一展示在作家面前讓他挑選。「等等，小夥子，我只要買一雙！」作家有意提醒他。「先生，我知道。」少年說，「不過，我想讓您看看這些襪子有多美，多漂亮，真是好看極了！」

少年的臉上洋溢著莊嚴和神聖的笑容，像是在向作家推崇他的信仰，這個舉動立刻引起了他對這位少年的興趣，買襪子的事情已拋於腦後。作家對這位少年說：「嘿！小子，如果你能一直保持這樣的熱情，且這份熱情不是因為你對這份工作感到新鮮才如此——若你能將這份熱情維持下去，不到十年，你定會成為美國的襪子大王。」

偉大人物對使命的熱情可以譜寫出歷史，而你對工作的熱情則可以改變自己的人生。拿出100％的熱情來對待1％的事情，不去計較事情是多麼的「微不足道」，你會瞭解，原來每天平凡的生活竟是如此的充實和美好。

對於普通人來說，熱情就如同自己的生命，可以成為我們成長的助力，擁有熱情就等於擁有希望。一名沒有熱情的人不可能始終如一地以高品質來完成自己的工作，更不可能作出創造性的成就；只要你失去了熱情，就永遠不可能在職場中立足和成長，永遠不會擁有成功的事業與充實的人生。所以，從現在開始，不要再糾結你擁有的特長是多麼的「微不足道」，對它傾注你全部的熱情吧！熱情將使你的特點與他人顯得極不一樣。

主動「補位」，做公司需要的事

我們的工作隨時都可能有意外狀況發生，這時領頭的人不會逃避工作和責任，而是積極地承擔起額外的職責，做好「補位」工作，主動去做公司需要的事。

看足球比賽，我們會發現，最優秀的射門手往往是最善於捕捉時機的人，他們總能在正確的時間點出現在正確的位置上，他們都是最會跑位的人。同樣地，企業的核心員工也應當是一名善於跑位的人，無論在什麼時候，不用老闆吩咐，他們就能出現在最需要的位置上。

我們的工作就和足球比賽一樣，任何時候都可能有突發狀況發生，這時候核心員工就要有他人所沒有的精神，具備補位意識。凡是能隨時應對工作可能出現問題的員工，一定會成為老闆最重用的人，因為他們不會把問題留給老闆去解決，自然能得到老闆的賞識和重用。

當今的市場競爭十分激烈，即使工作已分工得十分明確，還是會有一些意料之外的情況發生，出現一些「三不管地帶」無人負責的工作。這時以什麼樣的態度對待這些工作，可以看出自己是否具備主人翁的精神和責任感。有的人會認為這些事和自己的工作職責無關，即使是一件隨手可以做好的小事也不屑為之；有的人則能把這些事看作是鍛鍊自己的機會，主動去做，並且腳踏實地的做好。最終，前者依然平庸，但後者卻登上了成功的舞台。

張良是一間投資公司的普通職員，他的工作內容十分簡單：負責收發和傳送文件。每次公司出現突發狀況時，其他員工總推三阻四，不願去做，張良卻能像一名候補隊員一樣，及時補位上去。他因為願意多做事，從來不叫苦，且事情也都能順利完成，所以主管指派給他的任務也越來越繁重，有些本來不屬於他工作範圍內的事，也常常會派給他。

有些同事開始笑他，說他被主管耍，幹那麼多事也沒加薪。但張良絲毫不把這些議論放在心上，他認為能者多勞，自己也藉此有更多學習的機會，得到更多的磨練。至於薪水，等到經驗更豐富的時候，自然就會增加。

後來，大老闆注意到他，十分欣賞他的工作表現，張良接手的事務也因此越來越多，而且都是一些極為重要的工作；公司需要派人去拜訪重要客戶或是參加商業談判時，他總是老闆心中的第一人選。不久之後，公司成功上市，張良更以董事會秘書的身分成為公司極為核心的幹部。

張良的故事告訴我們，你掌握的個人資源和工作資源越多，對自己的提升也就越有利；所以，多做一些工作，補位意識是提高你工作地位的重要條件。我們現在所做的每一件工作，都是在為將來做準備，只有樹立起補位意識，把每一件任務視為鍛鍊自己的機會，從而為明天的成功累積更多的資本，不斷使自己的競爭力提升。

用做事業的心做工作的事

我們在工作中不應該只是把工作當作工作，而是要把工作當作自己的事業。工作只能解決溫飽問題，但事業卻不一樣，事業能讓我們獲得更大的成功；所以，我們應該本著事業的心去做工作的事。

事業和工作是有區別的，工作是一種謀生的手段，能解決吃飯、穿衣……等基本的民生問題，但事業不是，事業是用來解決人生發展的問題，需要先付出而後回報的，一個人在工作中對所抱持的態度，會讓現實中產生的結果和效果不一樣。

鐵路工人大衛・安德森有一天和同事們正在軌道上工作，這時，他的老朋友——鐵路總裁吉姆・墨菲突然前來此處視察大家的工作情況。他倆非常高興地交談了一個多小時，然後愉快地握手道別。

而後，他很快被其他夥伴們圍住了，大家對於他是總裁的朋友倍感驚訝。他說，他和吉姆・墨菲在二十多年前，一同為這條鐵路工作。

「可如今他已成為董事長，但你卻仍在這修理鐵路？」其中一位工人滿臉疑惑地問大衛，疑惑中還夾雜著些許言外之意。

大衛當然聽出了他的困惑所在，語重心長地告訴大家：「當時我跟吉姆・墨菲每天只掙得三十塊錢工資，那時的我，成天想著如何用這三十塊錢維持生計，而且我是因為這三十塊錢才逼迫自己工作的；但他想得卻是將這條鐵路修好後，自己應該再做些什麼，他是為了修好這條鐵路而工作。」

不必過於驚詫，其實很多時候，人與人之間的成敗就在那一點點小區別，但卻足以讓每個人的人生產生極大的差異。大衛・

安德森與吉姆・墨菲的區別僅在於前者是用工作的心在工作，後者則是用做事業的心在工作。在吉姆・墨菲的心裡，他不把修建鐵路當作一份工作，而是把它視為自己的事業，不斷投入自己的智慧和熱情，堅持不懈著，最終擁有了自己真正的事業。

在一間企業中，能把工作當事業的員工是最受歡迎、最被看重的，因為只有將工作當作事業，你才能真正融入工作之中，與公司同舟共濟，一起成長、走向成功。

比爾・蓋茲（Bill Gates）曾被問及他心目中最佳的員工是怎麼樣的員工，他強調了這麼一點：「一位優秀的員工應該對自己的工作充滿熱情，當他對客戶介紹本公司的產品時，應該要有如傳教士傳道般的狂熱！」

簡言之，就是將我們的工作當成一門事業來做，它的榮譽感和使命感能讓我們把工作中遇到的一切不如意一掃而空；工作越做越有勁，人越活越年輕，道路越走越寬廣，生活越來越美好。

齊瓦勃是伯利恒鋼鐵公司（現已被併購）——美國第二大鋼鐵公司的創始人。他出生於美國鄉村，因為家境清寒，只受過短暫的學校教育，十五歲就得到一個山村擔任馬夫，但雄心勃勃的他無時無刻都在尋求發展的機遇。三年後，齊瓦勃來到鋼鐵大王卡內基（Andrew Carnegie）手下的一個建築工地工作，從踏進建築工地的第一天，他就不把它視為一份工作來看，而是將它當作自己的事業努力奮鬥。當其他人都在抱怨工作辛苦、薪水低而怠工的時候，齊瓦勃卻一絲不苟地賣力工作著，還為了自己未來的發展自學建築知識。

某天接近下班時間，同事們都聚在一起閒聊，唯獨齊瓦勃窩在角落裡看書。那天恰巧公司經理到工地檢查工作，經理僅看了看他手中的書，又翻了翻他的筆記本，什麼也沒說就走了。第二天，公司經理把齊瓦勃叫到辦公室，問：「你學那些東西幹什麼？」齊瓦勃說：「我想，我們公司並不缺少工人，但缺少有工作經驗，又具專業知識的技術人員或管理者，對嗎？」經理點了點頭。不久，齊瓦勃就被升任為技師，有些人因此嘲諷、挖苦著齊瓦勃，他回答說：「我不光是在為老闆工作，更不只是為了賺錢，我是在為自己的夢想努力，為自己遠大的前途奮鬥。我要在工作中不斷提升自己，使自己在工作中產生的價值，遠高於薪水，這樣我才能受到重用，獲得發展的機會。」齊瓦勃抱著這樣的信念，一步步升到了總工程師的職位；二十五歲那年，就升任為這家建築公司的總經理。

正因為齊瓦勃從一開始便以一顆事業的心來看待工作，所以，後來他也真的擁有了自己的事業，獨自創辦了伯利恒鋼鐵公司，並創下了非凡的業績，真正完成了他從一個工人到創業者的夢想，成就了自己的事業。

美國鋼鐵大王卡內基（Andrew Carnegie）說過：「為我工作的人，要具備成為合夥人的能力。如果他不具備這個條件，不能把工作當成自己的事業，我是不會考慮給這樣的年輕人機會的。」把工作當作自己的事業，能讓你擁有更大的揮灑空間，使你在掌握實踐機會的同時，能擔負起工作的責任。所以，趕緊為自己樹立起工作的職業理念吧，在工作中培養企業家的精神，讓你在事業上更快地取得成功。

除了基本的生活保證和豐富的物質享受外，工作雖然還能帶來施展才華和實現理想抱負的機會，但事業卻能為我們提供創造這些機會的廣闊平台。在此平台上，我們不僅能實現理想，還能享受創造和發展事業的成就感；擁有自己的事業，並透過努力和付出來發展自己的事業，這是每一位有志者最根本的追求。

用最充分的準備換來最好的業績

準備是一切工作的前提，只有充分的準備才能保證工作得以完成，並且做得更容易。成功勵志大師拿破崙・希爾（Napoleon Hill）曾說：「一位善於做準備的人，是距離成功最近的人；一位缺乏準備的員工，一定是個差錯不斷的人，縱然他有著超強的能力、千載難逢的機會，也不能保證獲得成功。」

機會對每個人來說都是公平的，但它更垂青於有準備的人。因為它的資源有限，所以若給一位沒有準備的人是浪費資源，但給有準備、想將工作做得非常好的人就是在合理利用資源。

第二次世界大戰期間的諾曼第登陸是十分具有歷史性意義，且非常成功的戰役。為什麼說成功呢？因為美英聯軍在登陸之前做了充分的準備，登陸前他們演練了很多次，不斷排練登陸的方向、地點、時間以及其他一切登陸事前所需的規劃；待真正登陸的時候，他們勝券在握，登陸的時間與計畫的時間僅相差幾秒鐘，而這就是準備的力量。

阿爾伯特·哈伯德（Elbert Hubbard）生於一個富庶的家庭，但他極具野心和抱負，想創立自己的事業，所以他很早就具備了準備的意識。他明白像他這樣的年輕人，最缺乏的是知識和經驗。因此，他積極學習相關的專業知識，並妥善利用時間學習，外出時總會帶上一本書，在搭車的途中一邊看一邊背誦。他始終保持著這個習慣，這使他受益匪淺；後來，他更進入哈佛大學，深入學習一些系統理論的課程。

在經過多次到歐洲的實地考察之後，阿爾伯特·哈伯德開始籌備自己的出版社。他諮詢了專業的出版顧問，並考察了出版市場，尤其從同業的威廉·莫瑞斯（William Morris）先生那裡得到了許多富有建設性的建議；於是，一家新的出版社——羅依柯洛斯特出版社誕生了。由於事先的準備工作做得周全，所以出版社經營得十分出色，他不斷將自己的經驗和見聞整理成書出版，名譽與金錢相繼滾滾而來。

但阿爾伯特並沒有就此滿足，他敏銳地觀察到，他所在的紐約州東奧羅拉，當時漸漸成為人們度假旅遊的最佳選擇之一，但這裡的旅館業卻非常不發達，他認為這是一個很好的商機。阿爾伯特沒有放過這個機會，他抽出時間在市中心做了兩個月的調查，瞭解市場行情，考察周圍的環境和交通，他甚至親自入住當地一家非常出色的旅館，研究其經營獨特之處。後來，他成功從別人手中接手了一家旅館，進行徹底改造和裝潢；在旅館裝修時，他根據自己的調查，瞭解到每位遊客的喜好、收入水準、消費觀念，更注意到這些人是因為對繁忙的工作心生厭倦，才會趁假期來這裡放鬆，他們只想要更簡單的生活。因此，他命工人製作了一款簡單的直線型傢俱，而這個創意一經推出，很快就受到關注，遊客非常喜歡這種傢俱，符合他們心中所想要的簡單。他再次抓住這個機會，一間極簡型傢俱製造廠因此誕生，蒸蒸日上的業績證明了他準備工作的成效；同時，他的出版社也出版了《菲利士人》和《兄弟》兩份月刊，其影響力在《把信送給加西亞》一書出版後達到頂峰。

我們可以看到，阿爾伯特的成功雖然得益於他精明的判斷和獨到的眼光，但也是因為事前充分積極地準備，才能讓自己在機會產生時便果斷出擊；正是這種準備意識成就了他事業的輝煌。

阿爾伯特深深地體會到，準備是執行力的前提，是工作效率的基礎。因此，他不光是自己在做任何決策前都認真準備，還把這種好習慣灌輸給他底下的每位員工。很快地，「你準備好了嗎？」成為他們公司全體員工的口頭禪，成功形成了「準備第一」的公司文化；在這樣的文化氛圍中，公司的執行力得到極大地提升，工作效率自然有了很大的進步。

Niche 4

「利基」讓你不被任何人取代

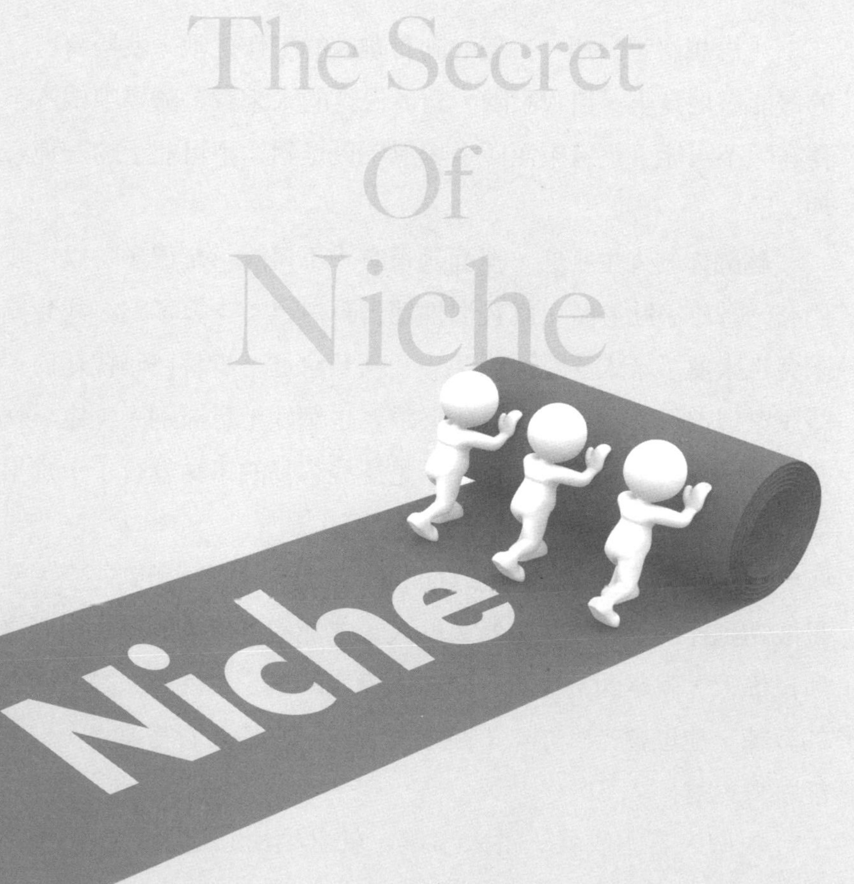

將一切的不可能轉化為可能

職場中沒有「不可能」

「思想決定命運。」不敢向有難度的工作挑戰，就是將自己的潛能畫地為牢、自我設限。對於優秀的人來說，職場中根本不存在「不可能」，這不僅僅是勇氣，更是對「不可能」的一種心理突破。

翻翻你的人生字典，裡面是否有「不可能」？很多時候，我們有一番雄心壯志時，就習慣性地告訴自己：「算了吧。我想得未免也太遠了，太異想天開了。」甚至會進一步替自己找藉口，嘗試勸退自己：「更何況，如果這真是個好主意，別人一定早就想過了。我的野心沒那麼大，還是挑些容易的事做就行了，別累壞了自己。」

戴高樂將軍（Charles de Gaulle）曾說：「眼睛所到之處，便是成功到達的地方。唯有偉大的人，才能成就偉大的事，他們之所以偉大，就是因為他決心要做出偉大的事。」就算只是教田徑的教練，他也會告訴你：「跳遠的時候，眼睛要看著遠處，你才能跳得更遠。」

一個人若想成就一番大事業，就必須樹立遠大的理想和抱負，擁有廣闊的視野，不追求一朝一夕的成功，耐得住寂寞，按照既定目標，堅持下去，到最後你一定會獲得成功。《莊子》曾講了這麼一個故事：

任國的公子做了一個很大的魚鉤，用很粗的黑繩繫上去，還用五十頭牛來做魚餌。他坐在會稽山頂上，把釣餌投到東海，就這樣每天垂釣；但整整一年過去了，他一條魚都沒釣到。後來，好不容易有一條大魚吞了他的魚餌，那魚一會兒拉著魚鉤沉沒水底，一會兒張鰭擺脊憤怒地躥出水面，只見白浪如山，海水震盪，叫聲如鬼哭狼嚎，千里之外聞之都會心驚膽跳。最後，任國的公子終於釣到這條大魚，他把魚開腸破肚，切成許多塊，再加工製成魚乾分食給眾人，自浙江以南、南嶺以北這遼闊的地域，所有人都飽餐了這條大魚。這件事情過去以後，那些才疏學淺、專愛說長道短的人，都詫異地口耳相傳著這件事。

這雖屬杜撰，但卻能告訴我們：這世上沒有「不可能」，真正的勇士，他敢於挑戰人生中一切的「不可能」。

「沒有辦法」是指我們已知範圍內的方法已經用盡，但只要我們能不斷地嘗試新的事物、新的機會、新的方法，不斷地突破自我、改變自我，就永遠都不會有「沒有辦法」跟「不可能」。

就像五百年前，如果你跟別人說，你坐上一個「銀灰色東西」就可以飛上天；你拿著一個「黑色小盒子」就能跟身處異鄉的朋友說話；打開一個「方櫃子」就能看到世界各地發生的事情……他們同樣會告訴你「不可能」，但如今不都已變成現實了嗎？可見，所有的「不可能」往往都有機會變成「可能」，只要你敢「想」，你就能不斷成長、提升自己，建立出難以超越的競爭力與護城河。

第二次世界大戰中期，美國空軍和降落傘製造商兩方因為降落傘安全性的問題產生了分歧。事實上，透過不斷地研究開發，降落傘的合格率已達到99.9％，但軍方卻要求一定要達到100％；因為如果只有99.9％，就意味著每1,000名傘兵中，會有1名因為降落傘的品質問題而送命。但降落傘商認為99.9％就已經夠好了，世上沒有絕對的完美，合格率根本不可能達到100％。最終，兩方交涉沒有達成共識，軍方因此決定改變降落傘驗收的檢查辦法，他們從廠商交貨的降落傘中隨機挑出一個，讓廠商負責人背在身上，親自從飛機上往下跳。這時，他們才意識到100％合格率的重要性，因而想方設法讓降落傘的合格率確實達到100％。

美國著名鋼鐵大王安德魯・卡內基（Andrew Carnegie）曾

描述過他心目中的優秀員工，他說：「我所急需的人才，不是那些有著多麼高貴血統或是高學歷的人，而是那些有著鋼鐵般堅定意志，勇於向工作中的『不可能』挑戰的人。」這是多麼擲地有聲、發人深省的一句話，每位希望在職場獲得成功的人，都應該把這句話銘刻在自己的記憶深處。

西方有句名言：「思想決定命運。」若你不敢向有難度的工作挑戰，就是對自己潛能的畫地為牢、自我設限，最終讓自己無限的潛能轉化為沙灘上的魚，苦苦掙扎，最後因為乾涸而死！

變「負」為「正」

「如果有顆檸檬，就做一杯檸檬水。」檸檬因為太酸，不能被稱作美味的食物。但如果把檸檬做成檸檬水，卻可以使它比任何甘甜的果汁、飲料都更有味道。

想衝破人生難關，就一定要有把負變為正的力量，偉大的心理學家阿爾弗雷德・阿德勒（Alfred Adler）曾說：「人類最奇妙的特點之一就是把負變為正的力量。」已故的西爾斯公司董事長亞當斯・羅克爾也說過：「如果有顆檸檬，就做一杯檸檬水。」

西漢司馬遷遭受宮刑，可謂奇恥大辱，因而含恨寫出《史記》，且他在《報任安書》中曾舉出一系列變「負」為「正」的例子：文王拘而演《周易》；仲尼厄而作《春秋》；屈原放逐，乃賦《離騷》；左丘失明，厥有《國語》；孫子臏足，兵法修列；呂不韋遷蜀，世傳《呂覽》；韓非囚秦，《說難》、《孤憤》。

而西方則有：大作家狄更斯（Charles Dickens）是雜貨店的小夥計；大哲學家梭羅（Henry David Thoreau）是花園的園丁；啟蒙思想家盧梭（Jean-Jacques Rousseau）是一名流浪街頭的孤兒；羅斯福（Franklin Delano Roosevelt）嚴重癱瘓，卻能連任四屆美國總統；英國政治家威伯福斯（William Wilberforce）雖瘦弱矮小，但他卻為英國廢除奴隸制度作出了決定性的貢獻。著名作家包斯威爾（James Boswell）曾這樣提過威伯福斯：「我看他站在台上真是個小不點兒。但當我在聽他演講的時候，他每說一段話，人就會大一些，到後來竟成了我眼中的巨人。」

挪威著名小提琴家布林有一次在巴黎舉行演奏會，演奏到一半時，一根琴弦突然斷掉，但他不動聲色，繼續用三根弦將樂曲演奏完；而詩人密爾頓（John Milton）很可能就是因為看不見，才能寫出如此美好的詩篇；貝多芬則可能是因為聽不到聲音，才能譜出美妙的樂曲；海倫・凱勒雖然盲又聾又啞，卻精通五國外語，甚至有七本著作。

所以，任何難關其實都不會造成你我成功的阻礙，只要你擁有一顆積極正向的心，就能轉負為正，展現出截然不同的價值，造就一等一的成功。下面這個故事，或許可以激勵你我朝正向轉變：

有一位畫家，從事繪畫已有二十多年，但一次偶然的事故中，他的右手嚴重受傷，不能再執筆作畫。悲痛之餘，這位畫家決定試著用左手畫圖，經過一段時間的練習之後，竟讓他意外地修正了自己的一些小缺點。由於左右手的易位，使他重新認識作畫，打破了許多不必要的框架限制，這些限制原先存在於畫家的潛意識中，將自己侷限住。

現在，他用左手作畫，大膽奔放，筆筆精彩，妙趣橫生，整個畫面顯得既形象又鮮活，率真且自然。這是他用右手苦練作畫二十多年，都無法達到的境界，沒想到改用左手作畫後，卻輕而易舉地達到了。許多朋友都開玩笑地對他說：「還真是因禍得福啊！」沒想到，一次挫敗卻讓他得到意外的收穫，更創造出不同以往的成就。

古人曰：失之東隅，收之桑榆。你不妨像畫家一樣，稍微變通一下自己的思緒和心態，你會發現其實許多的「負」都能轉變為「正」。

無論周遭環境如何，優秀的人都會努力把自己的弱勢變成優勢。社會上的競爭，總是要看誰的能力更好，優勢越多的人，可以利用的資源也就越多，競爭力也就越強；因此，唯有將優勢不斷強化，才能在市場中站穩、站好。

變「負」為「正」是一種值得欽佩的精神，因為在轉負為正的時候，面對得是赤裸裸的自己，你要有勇氣用刻刀將身上有缺陷的地方再重新雕刻。尖刀入肉，總伴有鑽心的痛，但當你咬牙挺過之後，你就離完美更近一步，往成功更邁向一步。

人的一生就是不斷地在追求完美，每個人都希望自己出色，但如果沒有過打磨的苦痛，就不會有我們想要的結果。勇敢地變「負」為「正」，讓你的人生更精彩，打造出無人能敵的競爭優勢。

將「不能」改寫為「能」

當你相信某一件事不可能做到時，你的大腦就會替你找出種種做不到的藉口；但當你確信某一件事可以做到時，你就會替自己找出解決的方法。

美國實業家羅賓·維勒的成功秘訣便是「永遠做一名不向現實妥協的叛逆者」，他使無數個「不可能」變成「可能」。

最早他經營一家小皮鞋廠時，曾用獎勵的方式讓工人們提供創意，設計新款鞋樣，產品上市後頗受歡迎，他也因此擴增產能。

但沒過多久，危機便出現了，皮鞋工廠一間間地擴增，使得做皮鞋的技工供不應求。每家工廠都出重資招募工人，但即使再如何提高工資，也應徵不到足夠的人，而沒有工人，工廠就難以維持，這是他最頭疼的事。羅賓接了不少訂單，如果無法在規定的期限內交貨，他就要賠償巨額的違約金。

羅賓為此大傷腦筋，他召集十八間皮鞋工廠的工人開了一場會議。他堅信，只要眾人齊心協力一定能把問題解決，因此，羅賓把沒有工人的難題告訴大家，並提出只要動腦筋想出辦法，就能獲得獎賞，鼓勵眾人集思廣益。

會議室頓時陷入沉默，每個人都埋頭思索。過了片刻，一位不起眼的小夥子舉起了右手，他站起來發言：「羅賓先生，沒有工人，那我們可以用機器來製作皮鞋。」

羅賓還未回應，底下就有人嘲諷地說：「小夥子，用什麼機器來製鞋呀？你能給我們製造這樣的機器嗎？」那小夥子聽了，紅著臉坐回位子上。

這時羅賓卻走到他的身旁，將他拉上演講台，大聲地宣佈：「各位，他說得很對，雖然現在還做不出這種機器，但這個想法很重要、很有用處。只要我們順著這個想法執行下去，相信問題很快就能解決。」

「我們不能永遠安於現狀，不能將思維侷限於既有的框架之中作繭自縛，這樣我們才能不斷地創新、成長。現在，我宣佈這位小夥子可獲得500美元作為他提供意見的獎金。」

而經過四個多月的努力研究和實驗，羅賓的皮鞋工廠有一大部分的流程已被機器取代，這都歸功於那名小夥子所提供的創意構想。

羅賓・維勒，這位美國商業界的奇才，成功證明出：只有相信自己，使不可能成為可能的人，才能抵達勝利的彼岸。

法國有一名記者叫鮑比（Jean-Dominique Bauby），在年輕的時候，因罹患閉鎖症候群導致四肢癱瘓，甚至喪失了說話的能力，全身能動的部位只有左眼；他在醫院中不斷回想著過去的生活，不由得感慨起現在的身體狀況，於是決定請人協助他寫出自己的回憶錄。

由於鮑比只能夠眨眼，所以他透過眨眼睛的方式與助手進行溝通，逐個字母地向助手傳達出他的腹稿，然後再由助手抄錄下來。助手每次都要按順序把法語的字母讀出來，讓鮑比來選擇，當助手讀到正確的字母時，他就眨一下眼表示。由於鮑比必須靠記憶來判斷詞語，有時不一定傳達正確，助手還需要翻閱辭典確認，所以他們每天只能完成一、兩頁的內容，可以想像出他們兩人的工作有多麼的艱鉅。

他們用了兩年的時間，歷經千辛萬苦終於完成了這部著作，且為了寫這本一百五十頁的書，鮑比總共眨了二十多萬次眼，書名叫做——《潛水鐘與蝴蝶》，果然成就了一本有「魂」的世界級暢銷書！

許多人會覺得難以置信，但真正的勇士敢於登上「不能」的懸崖峭壁，只為獲取「一覽眾山小」的風景。

曾有一位小男孩，創辦了一個專門提供玩具資訊的網站，但沒有一個人把他放在眼裡，沒有一家同業公司將它視為敵人，也沒有一家公司會想來找他合作。他們認為，那個網站只不過是小孩子的遊戲，成不了什麼氣候；但沒想到結果卻出乎意料之外，這名小男孩不僅把網站做大了，而且他才十幾歲，就已透過廣告收入，成為法國最年輕的百萬富翁。

敢於衝刺的人，最擅長把常人眼中的「不能」改寫為「能」。一位成功人士曾這樣描述自己心中理想的員工：「我所需要的員工要具有奮鬥進取的心，敢於向高難度的工作挑戰。」因此，勇於向高難度挑戰的員工，始終是人才市場上的『短缺貨』，始終供不應求。

但如果你是一位「安全型專家」，不敢向「高難度」的工作挑戰，那麼，你就永遠不要奢望能得到老闆的垂青；當你萬分羨慕那些有著傑出表現的同事，羨慕他們深受老闆器重而被委以重任時，你一定要明白，他們的成功絕不是偶然。因為敢於對「無法」、「不可能」說「不」的人，成功之門將時時為他們開啟。

創新，讓你的利基不斷升級

主動創新，引領企業的航向

企業經營宛如逆水行舟，不進則退，每一間企業都要用創新的眼光關注世界的動態，以便採取對應的措施，謀求開拓、發展。而身為員工的你也應主動創新，用創新的力量引領公司的航向，拉著團隊在創新之路上奔馳。

創新推動企業的發展已成為當前諸多企業的共識。2003年初，美國奇異公司將公司宣言改為「拓展想像力」，該公司的董事會主席兼執行長傑佛瑞・伊梅特（Jeffery Immelt）將創新視為最優先考慮的事情。

曾有專家指出：「我們生活在一個由創造力、創新和想像力推動世界發展的時代。」因此，創新不僅是推動企業發展的重要動力，也是企業生存的一項重要法則。在矽谷，每年都有近90%的創新公司面臨破產；因此，很多公司和企業家都秉持著「世界屬於不滿足的人們」這句格言，不讓自己陶醉於現有的成就之中，他們善於忘掉「過去」，迎向未來，勇於變革。惠普公司前董事長兼執行長路・普萊特（Lew Platt）說：「過去的輝煌只屬於過去而非將來。」未來學家托夫勒（Alvin Toffler）也曾指出：

「生存的第一定律是：沒有什麼比昨天的成功更加危險。」

英特爾創辦人葛洛夫（Andrew Grove）曾說「只有偏執狂能生存」，談的就是憂患意識。企業總會出現轉折點，轉得好就提升到新的高度，相反地便向下沉淪。在這過程中，憂患意識並不代表著悲觀或草木皆兵，而是從全面性的角度思考長遠的策略布局，時刻小心翼翼，一方面緊盯市場的變化與對手的一舉一動，另一方面又把這種憂患意識傳遞給周圍所有人，並將其轉換為企業不停求生的動力。強烈的憂患意識和危機理念賦予企業一種創新的緊張感和敏銳度，使它們能保持旺盛的創新力，不被擊垮。

創新是企業前進的動力，作為公司的領航人，你不僅要盡職盡責地做好自己的工作，還要能勇於打破常規，用創新引領企業的航向。比爾·蓋茲（Bill Gates）說：「在微軟，一位優秀的人才不僅要有紮實的專業技能，還必須承受巨大的工作壓力，勇於接受新知識，不斷創新。」

2002年6月，人才濟濟的微軟公司聘請兩位極富創新精神的少年、少女做顧問，並讓他們參與公司裡最核心的研究計畫——「下一代知識工人」。

有些人覺得微軟的做法有些「另類」，但細想起來，這種「另類」其實意味深長，發人深省；因為微軟公司招募的少年、少女絕非等閒之輩，他們皆是電腦天才。首先，他們對電腦非常癡迷，功利之心淡薄；其二，他們感覺靈敏，思想活躍，不恪守於以往經驗，不固定在相同模式，他們的奇思妙想能源源不斷地產生，而這些都是微軟求之不得的。

微軟很重視員工創新的精神和能力，比爾・蓋茲曾多次說過：「在高科技領域，用人之道並不在於年齡和閱歷。微軟講究開拓創新的能力，若空有經驗而沒有創新的能力，僅具備墨守成規的工作方式，這不是微軟所提倡和需要的。」

傑克是大家公認的好員工，工作績效年年名列前茅，但這幾次的晉升機會卻都沒有他。先後拔擢的兩名員工資歷都沒他久，工作量也比他少，他覺得十分不服氣，其他同事也為他憤憤不平。經理得知後和他們討論自己的看法：傑克雖然工作態度良好，刻苦耐勞不太有怨言，但缺乏創新；在市場變化環境中，只知道腳踏實地的埋頭苦幹是不夠的，思想古板只會使成長的腳步停滯不前，最終被市場淘汰出局。

思想了無新意在團體之中實屬遺憾，傑克只能被動地等待主管分配工作，從不懂得主動出擊，別人雖然沒有他那麼踏實，但具有開創性，能積極主動地向市場開發新需求；所以，若因為毫無創新精神而沒被提拔也是自然的事，只好自認委屈。

凡是有志於帶頭起跑的人，都能在工作中積極融入自己的創新思維，時時刻刻想著創造，用自己的創意為公司帶來豐厚的效益，引領企業在發展的航線上前行，更為自己贏得響亮的喝采。

台灣菸酒公司（簡稱台酒）推出水果系列啤酒，在市場引起轟動，而這系列啤酒是公司年輕員工的創意點子，讓百年企業台酒，在競爭激烈的啤酒市場中，意外地投下震撼彈。

其實，原先水果口味啤酒在台灣屬小眾市場，但現在帶著台灣濃濃夏日香氣的水果味啤酒成功搶得市場。台酒推出多種不同水果口味，企圖建立「新關係」，以水果啤酒主打年輕人市場；甚至重金邀請演藝巨星，分別代言金牌啤酒及經典台啤的廣告，一方面留住死忠的消費者，一方面搶攻年輕消費族群。

面對競爭激烈的啤酒市場，台酒決定放手一搏，從思維模式改變，讓年輕員工大膽嘗試，以力抗國際品牌的大軍壓境。近年來也透過傾聽消費者的聲音，提供市場領先的口味，拔得頭籌。

台酒公司總經理說：「我們跟消費者溝通，從製造端著手開發消費者想要的產品，一改過去較自我中心的態度。」因而屢創佳績，站穩啤酒市場。

在現今的職場中，老闆對於員工的考核，已不僅侷限於專業技能的優劣，唯有具備創新意識和能力的員工，才能受到老闆的器重和青睞。

遺憾的是，現實生活中有許多人只知道抱著堅守本職、認分的工作態度，因循守舊，想法過於窠臼，缺乏創新精神，認為創新是老闆的事，與己無關，只要把分內的事做好就行。但這種想法實在不妥，若你想成為公司的核心、不被輕易取代，就應當將創新視為自己的責任，且充分運用，不僅讓自己的價值不斷提升，也讓公司在市場中站穩腳步，不被不斷刷新的浪潮所擊倒。

變換方法，引爆傑出頭腦

優秀和平庸的根本區別在於，你遇到困難時能否理智思考，主動尋找解決問題的方法；只有敢去挑戰的人，引爆傑出頭腦，才能在困境中突破重圍，成為富有競爭力的佼佼者。

當你走在路上，眼看就要到達目的地了，前方卻突然出現一塊警示牌，上面寫著「此路不通」，這時你會怎麼做呢？

有人會選擇繼續走這條路過去，抱著不撞南牆不回頭之勢，但結果可想而知，已言明「此路不通」，最後也只能在碰釘子後灰溜溜地調轉車頭返回；這種人在工作中常因「一根筋」的思考模式而多次碰壁，既消耗時間又費體力，無法將工作效率提高，最後仍徒勞無功。有人則選擇駐足觀望不再向前走，因為「此路不通」，但也不掉頭，原因有二：一是認為自己已經走這麼遠了，再回頭有不甘且抱著僥倖心理；二是如果回頭，其他路也不通怎麼辦？駐足良久也未能前進一步。這種人在工作中常因為懦弱和優柔寡斷而喪失機會，不但業績毫無進展，還替自己留下無盡的遺憾。

可有另一種人，他們會毫不猶豫地掉轉車頭，尋找另外一條路，也許會再次碰壁，但他們仍會不斷地進行嘗試，直到找到可以抵達目的地的道路。而這種人是工作中真正的勇者與智者，他們懂得用變通的手法巧妙地完成任務，且通常都能取得不錯的成績；所以，我們要讓自己成為這種人，懂得創新變通，使利基不斷提升。此路不通就換條路走，方法不行就換個方法，優秀的人心中不僅要有這般信念，更要視為工作中的核心理念。

管理大師湯姆・彼得斯（Tom Peters）在寫出風靡全球的《追求卓越》一書之前，曾在麥肯錫管理諮詢公司擔任顧問，他是有獨立見解的人，因此，他在公司屬於非主流派人物。後來，他改變想法，決定由外而內建立起自己的信譽，其具體做法是：對一些員工不太願意出差的區域，他願意主動去瞭解情況，並和有關人士接觸會面。這樣一來，不僅能獲得新資訊，還能以一句「我昨天實地去視察過了」增加自己說話的分量，在公司樹立起自己穩扎穩打的形象與信譽。

富有這樣到外界去掌握第一手資料的意識，就能擁有其他人不具備的優勢，不僅讓書更有新鮮感和權威性，也能得到更多的認同。

某地因為工廠排放污水，造成河川污染嚴重，致使下游居民的生活受到威脅，相關環保單位每天都要面對數十位滿腹牢

騷的居民。因此，他們決定聯合政府當局一同找出解決問題的辦法。

他們考慮對排放污水的工廠進行罰款，但經罰款後，工廠污水仍排放到河川中，不能從根本解決問題，因此行不通。

有人建議立法強行命令各工廠設置汙水處理設備。本以為問題可以徹底解決，但頒布法令之後，仍發現有污水不斷排入河川當中。而且，有些工廠為了掩人耳目，將排放口稍微做一些遮掩，從外面無法看出有什麼破綻，所以汙水無時無刻都排放進河流之中；因此，這個辦法仍然行不通。

之後，相關單位再次改變方法，決定將法律稍作調整——工廠水源的入水口必須設在排水口的下游。

這聽起來或許是個匪夷所思的想法，但結果卻證明這是個好方法。它能有效促使工廠自律，假如自己排出的是污水，他們使用的也會是污水，如此一來，各家工廠豈會不淨化輸出的污水呢？

此路不通就換條路。卓越的人，必是注重尋找方法的人；當他發現一條路不通或過於擁擠時，能及時轉換思路，改變方法，尋找一條更為順暢的路。而工作中也是如此，優秀的人必是善於變換思路和方法的員工，他不會固守相同的思路，也不會迷信同一種方法，懂得審時度勢，適時突破，在變化中迅速拿出新的應對方案，在窘境中總是設法找尋新的出口。

越戰期間，美國好萊塢舉行過一次募款晚會，由於當時的反戰氣氛較為強烈，因此晚會僅以1美元的募款金額告終，創下好萊塢史上的一個金氏世界紀錄。當晚的蘇富比拍賣師——卡塞爾，也因此一舉成名，那1美元便是他運用智慧募集來的。

晚會上，他請大家票選出一位現場最漂亮的小姐，然後由他來拍賣這位小姐的香吻，因而募到了寶貴的1美元。當時好萊塢把這1美元寄往越南前線的時候，美國各大報紙都紛紛報導，視為頭條。

人們一看到這個報導，無不嘆服於卡塞爾對戰爭的嘲諷。而德國某一獵頭公司（人才中介，目標放在高學歷、高職位、高薪酬三位一體的人身上）卻看中了這位天才，他們認為卡塞爾是棵搖錢樹，若能妥善運用，必將財源滾滾。於是，他們建議日漸衰落的奧格斯堡啤酒廠重金聘請他為公司顧問，挽救酒廠每況愈下的局勢。

1972年，卡塞爾移居德國，受聘於奧格斯堡啤酒廠，而他果然不負眾望，突發異想地開發了美容啤酒和浴用啤酒，令人為之驚嘆，使奧格斯堡啤酒廠在一夕之間成為全世界銷量最大的啤酒廠。

1990年，卡塞爾以德國政府顧問的身份，主持拆除柏林圍牆的儀式。這一次，他讓柏林圍牆的每一塊磚瓦都以收藏品的形式賣給了世界上兩百多萬個家庭和公司，創造了史上總和最高的磚頭售價。

而1998年，卡塞爾返回美國，當時美國賭城——拉斯維加斯正上演一齣拳擊喜劇，泰森在比賽過程中咬掉了霍利菲爾德的半隻耳朵。但沒想到在比賽後第二天，歐洲和美國的超市竟然就出現了「霍氏耳朵」巧克力，其生產商便是卡塞爾所屬的公司。這一次，他雖然因霍利菲爾德起訴，敗訴判罰80％的商品利潤，但他那天才的頭腦卻為自己贏得年薪三千萬美元的身價。

某次，卡塞爾應休士頓大學校長曼海姆的邀請，回母校做創業方面的演講。在這次演講會上，一名學生當眾向他提了這麼一個問題：「卡塞爾先生，您能在我舉起單腿站立的時間內，把您認為的創業精髓告訴我嗎？」那位學生才正準備抬起一隻腳，卡塞爾就已答覆完畢：「生意場上，無論買賣大小，出賣的都是智慧。」這次，他贏得的不僅是掌聲，還有一個榮譽博士的頭銜。

在市場上，並非靠爾虞我詐就能成功，關鍵在於你的智慧，這才是常勝之本；而生意場上如此，職場中更是如此，只有創造性地找尋新方法，不被固有方式束縛，才能將工作做到最棒，成為競爭中最優秀的人才。

海爾集團的創辦人張瑞敏也曾說過：「創意存在於企業經營管理的每個細節中。」每個人都可以在工作中加入創新思維，你每天面對的各種經營活動中，雖看似平凡，其實潛藏著許許多多的創意，因此你要更勇於開發自己的大腦，利用創新讓競爭力加以提升，成為公司的靈魂人物。

創新乃競爭力之首

有一位工人在生產一批紙時不小心調錯了配方，生產出大量不能書寫的廢紙。他不僅被扣工資、扣獎金，還慘遭解雇。正當他灰心喪志的時候，他的朋友想了個絕妙的主意，要他把那些廢紙拿來詳細研究，嘗試將這些紙張開創出其他不同的用途。果不其然，他發現這種紙的吸水性相當強，可以用來快速吸乾各種器具上的水漬，於是他把這些紙張切成小塊，拿到市場販售，造成轟動，獲得廣大的迴響，相當搶手。由於這種紙張的配方只有他一個人知道，後來甚至申請了專利；原先一個看似致命的錯誤，卻因為朋友聰明的點子，讓這位工人因禍得福發了橫財。

當然，這裡宣揚的自然不是工人的幸運，而是他朋友具備了市場上迫切需要的「核心競爭力」之首——創新能力。創新能力的關鍵即是，能從不同的視角思考問題，當眾人與自己都把這個事件看成是災禍時，這位朋友卻能從中挖掘出別人看不到的可能，而這就是創新者的必勝思維。

世界上因為創新而獲得成功的人不勝枚舉。在美國麥考密克公司的發展史上，曾出現過瀕臨倒閉的危機，公司創始人塞勒斯‧麥考密克（Cyrus H. McCormick）的管理方式漸漸跟不上時代，又適逢經濟不景氣，以至陷入裁員縮編的困境。後來他因病猝死，公司因而交由姪子管理。

新的領導人一上任，便向所有員工宣布完全相反的命令：「自本日起，薪水增加10％，工作時間適當縮短，不得加班。」員工們感到十分詫異，在當前的經濟局勢下，還能享有如此的福利，因此大家更加珍惜自己的工作，勤奮貢獻，一年之內公司就轉虧為贏。

創新思維可以顛覆逆境，讓正處於劣勢的情況絕處逢生。然而，擁有創新思維的人畢竟屬於少數，所以才會成為招募人才重要的依據之一；許多大公司紛紛在應徵時提出各種千奇百怪的考題，試圖找出那千分之一，最富創新思維的人才。因此，若想在職場脫穎而出，創新思維正是建立你與他人之間差別的關鍵。但除了創新能力之外，你知道還有哪些能力可以讓你在眾多人才中增加能見度嗎？

思考能力

思考能力本身就是創新思維的醞釀器，但擁有良好的思考能力除了創新外，還能創造更多超乎想像的附加價值。人們常說「七分思考，三分做事」當頭腦在運行時，做事的效率就會大幅增進，也會更有方法、更加睿智。

培養思考能力的方法，主要在於「不要馬上給自己答案」以及「不要相信答案是對的」。當處於一個沒有確定答案的環境中，面對問題又急於尋求解決，這會迫使你的腦袋運轉，生產出更多的可能。若你的「為什麼」、「怎麼辦」很輕易地就能被打發，那你將失去許多主動思考的機會，容易變得人云亦云，沒有自我的主張。你在職場上或許會是一只不錯的螺絲釘，但若提到升遷，可能完全不會有你的位置。

邏輯能力

一般人習慣依照經驗行事，但過分拘泥於經驗，有時候反而容易造成誤導。邏輯能力運用程序化的推理，不僅比經驗全面，也較可靠，處理工作上的問題可說是綽綽有餘。

有些人天生邏輯能力強，但邏輯能力在某種程度上還是得靠後天培養。近年來，頗為風行的益智遊戲「數獨」，即是透過簡易的算術推演，培養邏輯能力的訓練。而除了經由數字概念的邏輯訓練，文字邏輯的培養也非常重要，不妨嘗試找一個申論題，從正反觀點進行論證，每一個結論都要有憑有據，且這個「憑據」要能依循嚴密的因果與推理推導出來；將每次破綻百出的論證，一直練習到無懈可擊，這就是一種很棒的邏輯鍛鍊。

人際溝通能力

現今是一個講求團隊合作的時代，我們在工作上要奮戰不懈，同時也必須將自己的工作與他人的工作連結，創造出公司利益的最大化。而在這個連結過程中，溝通扮演了相當重要的角色，如何把自己的想法與要求，清晰、準確地表達給同事，又不致產生誤會而延誤工作進度，是一項聽起來簡易但實踐上卻很困難的能力。例如有些人口才突出，但在談判的過程中卻過於強勢，反而無法帶來良好的效果。

溝通能力的訓練，想當然是必須不斷和他人溝通，所以你不能單打獨鬥，且溝通的形式相當多元，不僅包括正式和非正式，正式中又包括了各職位間的溝通，老闆對員工、同事對同事、公事傳遞與理念表達……等等，每一種形式都需要不同的溝通技巧。因此，你必須假想任何你可能遇到的情境，以及可能出現的對象，設計出一套最適合自己個性的溝通方法，然後不斷地在腦海中演練，並在現實中反覆實踐。

以上幾項是職場中最為著重的核心競爭力，它們都非天生使然，你可以透過後天培養，努力讓這幾項專長配合創新，發展為自己獨有的資本，使你成為職場中炙手可熱的明星員工；而除了上述幾項關鍵的核心競爭力外，下節將為你另外講述如何才能成為公司不可替代的核心人物。

4-3 成為公司不可替代的核心成員

成為企業的靈魂人物

企業的靈魂人物應該是這樣一種人：他們有著遠大的志向，能在工作上獨當一面，用實力證明自己的價值，而且在公司中擁有非比尋常的影響力。

在職場能做好例行事務的人很多，但在公司面臨難關能有所貢獻的人卻很少，而那些可以協助公司度過難關的人，往往才能顯示出他的價值。這時，若僅憑經驗是無法應付的，你必須要有超越個人的利害得失，勇往直前的氣魄，才會是對公司真正有影響力、有價值的人，而這種人就叫做——靈魂人物。人人都能靠累積實力，成為公司的靈魂人物，那你知道什麼樣的人才容易成為靈魂人物嗎？

請你記住一點：無論你是怎麼樣的人，都要謹慎地工作。在老闆心中，公司的靈魂人物佔據著主要位置，靈魂人物最本質的一點，就是他們對公司的生存、發展起了重要的作用。公司的生存和發展，對老闆來說可是頭等大事，若沒有你辛苦的工作、付出貢獻，老闆跟公司便無法站穩腳步，那麼恭喜你，你就是企業中的靈魂人物、菁英核心。

一位心理學家在研究的過程中，為了確實瞭解人們對於同一件事情，在心理上所反映出來的個體差異，所以他來到一座建造中的大教堂進行實地訪查。

心理學家隨意找了一位工人問道：「請問你在做什麼呢？」

工人沒好氣地回答：「在做什麼？難道你看不出來嗎？我正用這個重得要命的電動槌，敲碎這該死的石頭。這些石頭又特別硬，害我的手酸麻不已，這真不是人幹的工作。」

心理學家又找到第二位工人：「請問你在做什麼呢？」

第二位工人無奈地答道：「若不是為了每天1,500元的工資，讓一家人溫飽，我又怎麼會來做這份工作呢？你想，誰會願意做這份敲石頭的粗活呢？」

心理學家問第三位工人：「請問你在做什麼呢？」

沒想到第三位工人有著截然不同的回答，他眼光中閃爍著喜悅的神采，說道：「我正參與興建這座雄偉壯麗的大教堂，等落成之後，這裡就可以容納許多人到這做禮拜。雖然打石工的工作並不輕鬆，但我一想到，將來會有無數的人來到這裡接受上帝的關愛，內心便對這份工作感到無盡的感恩。」

同樣的工作，同樣的環境，但每個人卻有截然不同的感受。

第一位工人，是無藥可救的人。可以設想，在不久的將來，他也不會得到任何工作的眷顧，甚至可能是被淘汰的人；第二位工人，則是沒有責任感和榮譽感的人，若你對他們報有任何期望肯定是徒勞無功的，他們抱著為薪水而工作的態度，為工作而工作，肯定不是公司可信賴、依靠的員工。

那該如何讚美第三位工人呢？在他們身上，看不到絲毫抱怨和不耐煩；相反，他們具有高度責任感和創造力，充分享受著工作的樂趣。同時，因為他們努力的付出，工作也替他們帶來十足的榮譽，而這類型的人就是公司想要的員工，也就是我所指的靈魂人物。

除了公司的靈魂人物，你也應當是能獨當一面的人。老闆在工作中需要把握全域，因此具體的工作必須由員工分工來負責；所以，你得要獨當一面才行，而這也是你升職更高層的必備條件。

假如你在財務、外語、電腦等方面有所特長，老闆能從這些方面了解你的價值，你的地位才能鞏固。假如你沒有獨當一面的能力，非但不能讓老闆省心，還會替他帶來負擔，他又怎麼可能信賴你呢？

那你知道要如何鍛鍊自己獨當一面的能力，提升自己的競爭價值嗎？

見解應該獨到

老闆在做決策的時候，通常都需要員工提出「點子」，而這些「點子」就算沒被採用，也能為老闆提供新的角度，做出不一樣的決策。

把同事們不能做的大事接下來

有些事情老闆和同事都會感到棘手，但如果你能從容地把問題接手並解決，老闆往往就會對你另眼相看。

把同事們不願意做的小事情扛起來

公司裡有很多小事，常常被人忽略，但有心的員工絕不會忽視小事。做一些小事情，在老闆看來，或許是查補缺漏，但時間久了，你事情考慮周到、肯吃苦、工作認真的態度將深深刻印在老闆的腦海裡。

詹姆斯・門羅（James Monroe）是美國第三任總統傑佛遜（Thomas Jefferson）的心腹，負責協助他解決棘手的事情。傑佛遜當選總統後，門羅被派到巴黎和拿破崙談判有關購買路易斯安那殖民地的事情，後來門羅以1,500萬美元的便宜價格，從拿破崙手中買下了215萬平方公里的土地。除此之外，傑佛遜也經常派他解決像英法戰爭那諸如此類的棘手問題。

而門羅的能力是大家有目共睹的，贏得絕大多數議員的欽佩，所以，他便在1817年當選美國第五任總統。

成為企業挖掘財富的「永動機」

現今，世界上所有的公司只為一個目的而存在：那就是賺錢。日本企業家松下幸之助曾說過一句話：「企業家不賺錢就是犯罪。」所以，作為一名員工，為公司獲取利潤也是你不可推卸的責任與使命。

「利潤至上」是每間公司經營最主要的理念，是公司存在、發展乃至服務社會的根本。每位老闆都希望員工腦中有一個簡單卻相當重要的觀念，那就是他們都有職責替公司賺錢；只要員工的腦中具備了這個觀念，並以這個觀念為思考的基準點，那公司一定會有意想不到的發展。

李彬是海爾集團西寧地區冷凍櫃的產品經理。2005年10月，他得知中國移動公司西寧分公司將在年底推出一個活動：「通話金額累計達三千元，加送一千元通話費。」而電信商這一活動引起了李彬濃厚的興趣，他決定藉此拿下數筆訂單。

你也許會覺得莫名其妙，中國移動他們推出的不是話費優惠活動嗎，跟冷凍櫃有什麼關係？但李彬卻將這件事情跟自己的工作連結了起來，他知道西寧地區的經濟不算發達，所以手機對當地人來說，是身份與地位的象徵。

但光掌握這些西寧的經濟特點的資訊遠遠不夠，李彬還特地瞭解了中國移動客戶的資訊：一些經濟富裕的客戶一年的電話費也花不到三千元，再送一千元也花不出去，定是白白浪費了，所以絕大多數的消費者對中國移動的這個活動並不感興趣。

蒐集到這些資訊後，李彬馬上著手規劃自己的方案。如果中國移動所贈送的話費，還可以加價購買海爾冷凍櫃，那對中國移動來說，活動的吸引力跟可行性會更大，參與活動的用戶將會更多；而對於用戶來說，贈送的話費不僅不會浪費掉，還能擁有「額外的優惠」！

這項異業結合的方案提出後，馬上獲中國移動公司的同意。就這樣，這筆大訂單被李彬拿下，相當於西寧地區冷凍櫃平均月銷量的兩倍。

李彬是一位善於為企業開發市場的人，他將兩件毫無相關的事情連結在一起，從其他產業的市場中發現自己的市場，不但提升了自己的業績，還讓原來兩間公司共有的難題，變成一個「雙贏」的結果。

有一位房地產銷售總監說過：「所有企業的管理者和老闆，只認一樣東西，那就是業績。老闆憑什麼給我高薪呢？最根本的就是看我所做的事情，能在市場上產生多大的效益。」

不管你在公司職位如何，人緣如何，學歷如何，只要你想在公司裡成長、發展，實現自己的目標，就要有業績來支持。只要你能創造業績，不管在什麼公司，你都能得到老闆的器重，獲得晉升的機會，因為你帶來的業績是公司成長的決定性條件。

想想，每年「年終發紅利」的時候，那些業績好的員工肯定是表揚大會的主角，他們得到鮮花、美酒，豐厚的獎金更是少不了。很多跨國企業，每到年終就會進行員工業績的評比排名，排在前面的員工不用說一定是趾高氣揚，而排在後面的不但臉面無光，還隨時面臨被解雇的可能。但這也怪不得誰，面對嚴峻的市場競爭，公司也只能如此，目前許多企業實施員工末位淘汰制，以此激勵員工。

只要仔細觀察，你會發現，老闆必定會因為業績而作出各種妥協，因為他們不會跟自己的錢包鬥氣。因此，你必須把努力的目標放在如何讓企業賺到錢和節省支出上，任何一名員工都有責任做到這一點。

有一位少年在美國某石油公司工作，他所做的工作就是巡視並確認石油的罐蓋有沒有焊接好。石油罐在輸送帶上移動至旋轉台上時，焊接劑便自動滴下，沿著蓋子旋轉一周，其實這樣的焊接技術所耗費得焊接劑非常多，公司一直想加以改良，又覺得太麻煩，試過幾次便無疾而終。但這位少年深信一定可以找到改良的方法，所以，他每天觀察罐子在機具上旋轉的方式，思考改進的辦法。

經過他的觀察，他發現每次焊接劑滴落三十九滴後，焊接工作便結束。他突然想到：如果焊接劑減少一、兩滴，是不是就能節省些成本？於是，他開始研究，終於研製出三十七滴的焊接機，但使用三十七滴焊接出來的石油罐偶爾會漏油，並不是非常理想。他並沒有因此而灰心，再次尋找新的辦法，後來研製出三十八滴的焊接機；而這次改造非常完美，公司對他的評價很高，不久便生產出這台機器，改用新的焊接方式。

這位少年，就是後來掌握全美石油業95％實權的石油大王——約翰．戴維森．洛克斐勒（John Davison Rockefeller）。

也許你會說：「節省一滴焊接劑有什麼了不起？」但你知道嗎，光節省這「一滴」就能為公司帶來每年五億美元的新利潤。因此，每位員工都要在工作和生活中提高成本意識，養成為公司節約每一分錢的習慣，節儉就是在為公司賺錢。

無論公司是大是小、是富是窮，使用公物時都要節省節儉，員工出差辦事，也絕不能鋪張浪費，節約一分錢，等於在為公司賺一分錢。就像富蘭克林（Benjamin Franklin）說的：「注意小筆開支，就算是小漏洞也能使大船沉沒。」所以不該浪費的，連一絲一毫也不能浪費，且具有成本意識、處處維護公司利益的人，也是最受老闆歡迎的人。

總之，無論是大刀闊斧地為公司創造利潤，還是一點一滴為公司節省帶來利潤，如果你想成為最優秀、不可替代的人，就要努力讓自己成為最有價值的員工。

磨練自我，讓自己不可替代

無論從事什麼職業，唯有在工作中不斷磨練自我、提升能力，才能成為老闆眼中不可替代的員工。

在文藝復興時期，一名畫家是否能出人頭地取決於他能否找到好的贊助者。

藝術家米開朗基羅的贊助者是教皇朱里阿斯二世，某次修建大理石石碑時，兩人意見產生分歧，激烈地爭吵起來，米開朗基羅一怒之下揚言要離開羅馬。

一般人都認為教皇一定會怪罪米開朗基羅，但事實恰恰相反——教皇非但沒有懲罰米開朗基羅，還極力邀求他留下來。因為他心裡明白，米開朗基羅一定能再找到別的贊助者，但他永遠無法找到另一位米開朗基羅。

米開朗基羅作為一名無與倫比的藝術家，其卓越的才華是他手裡的王牌，有著不可替代性，可以讓他的地位堅不可摧、不被動搖；由此可見，只要我們掌握優勢，就不需要依賴特定的老闆或特定的工作來鞏固自己的地位。

尼克森（Richard Nixon）當總統時，白宮曾多次進行內閣異動，而季辛吉（Henry Kissinger）始終保有一席之地，但並不是因為他是最好的外交官；也不是因為他與總統關係密切、相處融洽；更不是因為他們有著共同的政治理念；而是因為他涉足政府機構內的領域太多，若換掉他政壇局勢將亂成一團。

無論是米開朗基羅還是季辛吉，他們的成就都印證著一個事實：任何一個人，只要擁有別人不可替代的能力或其他競爭優勢，就能讓自己的地位變得十分穩固。因此，若想讓一切都在自己的掌控之中，就要讓自己的優勢無可取代，強化自身的核心競爭力才能立於不敗之地。

同樣地，在職場中擁有卓越的才華，也可以使你成為老闆心中不可替代的員工，為自己的職業發展奠定良好的基礎。你必須在工作職位上不斷磨練自己、累積經驗，從而提升自己的能力；約翰・布勒就是抱著這樣的工作理念，步步走向成功，讓我們一起來看看他是如何做到的：

約翰在二十歲時進入車廠工作。他才進來，就對工廠的生產流程做了一次全面性的瞭解，他知道一部汽車由零件組裝完成到出廠，大約要經過十三個部門的互相合作，且每個部門的工作性質都不相同。

他當時就心想：「既然要在這行做出一番事業，就必須對汽車的所有製造過程有確切的瞭解。」於是，他主動向主管要求從最基層的雜工做起。雜工不屬於正式工人，也沒有固定的工作內容，哪個部門有需要就到哪裡去幫忙，而正因為這項工作，約翰才有機會和工廠各部門接觸，對各部門的工作性質有初步的瞭解。

在當了一年半的雜工之後，約翰申請調到汽車椅墊部工作。不久，他就把製作椅墊的技術學會了，後來他又申請調到焊接部、車身部、噴漆部、車床部等部門工作。不到五年的時間，他就把整間車廠的工作都做過了，最後他申請到安裝線上工作。

約翰的朋友傑克對他的舉動十分不解，便問約翰：「你已經工作五年了，卻總做些焊接、刷漆、製造零件的小事，恐怕會耽誤自己的前途吧？」

「傑克，你不明白。」約翰笑著說，「我並不急於當某一部門的小工頭。我以能勝任並領導整個工廠為目標，所以必須花點時間瞭解整個工廠的作業流程。我把現有的時間利用得最有價值，我要學的，不僅僅是一個汽車椅墊如何做，而是整輛汽車如何製造。」

當約翰確認自己具備管理者的能力時，他決定在安裝線上嶄露頭角。約翰在其他部門幹過，懂得各種零件的製造情形，也能分辨零件的優劣，這讓他在安裝的工作上佔了不少優勢。沒多久，他就成了安裝線上最出色的員工，很快，他晉升為領班，然後又升遷為十五位領班的總領班，一步一步往上爬，正如他當初所規劃的目標。

敬業的員工會把工作視為鍛鍊自己的機會，深入瞭解公司情況、加強公司業務知識、熟悉工作內容，增強自己解決問題的能力以及優勢，讓自己變得不可替代。

在職場上，沒有終生的雇傭關係，如果你的發展跟不上公司的腳步，那麼你就會變成公司可有可無的人。因此，作為一名員工，若你想要避免被淘汰、被裁員的命運，讓自己有更好的發展，就要在工作中不斷磨練自己，努力提升專業技能，加強核心競爭力，成為不可替代的人。

4-4 不滿於現況，讓自己持續卓越

只滿足於「完成任務」的員工不是好員工

「執行」並不光是「做」而已，而是要「做對」、「做好」，在完成任務的基礎上追求更高層次的結果。所以，只滿足於「完成任務」的人就不是位好員工，更不會是優秀的人才。

你也許會疑惑，我都已經完成任務了，怎麼還不能算是好員工呢？這就需要我向你解釋「執行」這詞的意涵，為你進行深度的解析。長久以來，人們都將「執行」等同於「做」，只要去「做」就算「完成任務」，卻常導致「辦事不利」等諸如此類的問題發生；殊不知正確的「執行」不只是「做」，還要「做對」、「做好」。所以我才會說只滿足於「完成任務」的人不是一位好人才；優秀的人應該「出色地完成任務」，使結果臻於完善。

老闆派小劉去買書，小劉到了一家書店，書店老闆說剛賣完；之後又去了第二家書店，店員說現在店裡沒庫存，要等書商補貨，大概要幾天才會到貨；他又去了第三家書店，而這家書店根本沒有這本書。

眼看已接近中午休息時間，小劉只好先回公司，見到老闆後，小劉說：「跑了三家書店，快累死了，都沒買到，過幾天我再去看看！」老闆看著滿頭大汗的小劉，欲言又止……

到底什麼是任務？什麼是結果？正確來說，買書是任務，買到書是結果。小劉有苦勞，卻沒有功勞，因為他沒有成功買到書，為公司提供結果。但公司是靠結果生存，為「結果」而支付報酬，若沒有結果的話，公司又該如何生存呢？通常，如果我們要任務，那麼我們得到的多半是藉口；而如果我們要結果，那麼我們得到的多半是方法。

比如買書，去買是任務，買到書是結果。小劉的確跑了三家書店都沒有書，這代表著小劉付出了勞動，卻沒有結果。那該如何讓自己的勞動不白費？其實只要在行動前先試著想想，就一定會有辦法能順利得到結果。

- **方法一**：向書店詢問，或者上網查這本書是哪家書商出版的，直接向他們購買。

- **方法二**：先打電話向各家書店詢問是否有這本書，大大節省了跑書店的時間。
- **方法三**：到圖書館查閱是否有這本書，如果有，就問老闆能否先用借閱的方式，之後再補買。

這三種方法都可以確保小劉買到書，但他卻沒有這樣做。原因在哪裡呢？原因在於小劉沒有將「任務」和「結果」分清楚，只停留在完成任務（去買書）的階段，沒有考慮結果（買到書）。而且他的內心也沒有「結果意識」，不瞭解執行的最終目的就是要一個結果。

中國著名戰略管理專家姜汝祥先生在其著作《請給我結果》一書中舉了一個「九段秘書」的例子：

總經理要求秘書排定次日上午九點召開會議。秘書的「任務」就是通知所有與會人員，然後一同出席會議在旁協助記錄；而不同段位的秘書做法都不同，因此可以得到下列九種不同的結果。

一段秘書的做法：發通知——用電子郵件或在公布欄上發布會議通知，然後準備相關會議用品，準時出席會議。

二段秘書的做法：抓落實——發出通知之後，再打一通電話與出席人員確認，確保每個人都確實收到會議通知。

三段秘書的做法：重檢查——發出通知，落實到人後，在當天會前30分鐘提醒與會者準時出席，確定有沒有變動，將臨時有急事不能參加會議的同仁，立即彙報給總經理，保證總經理在會前知悉出缺席情況，並與總經理確認缺席的人是否需要另外召開會議。

四段秘書的做法：勤準備——發出通知，落實到人，會前通知後，到會議室確認可能用到的投影機、電腦等設備是否能正常使用，並在會議室門上貼上小紙條：會議室明天幾點到幾點有會議舉行。

五段秘書的做法：細準備——發出通知，落實到人，會前通知，測試設備，並先瞭解這個會議的性質是什麼、開會的議題是什麼，然後發送相關資料給與會者，供他們參考（老闆通常都是很健忘的，否則就不會常常對過去一些已決定的事，或記不清的事爭吵）。

六段秘書的做法：做記錄——發出通知，落實到人，會前通知，測試了設備，也提供了相關會議資料，並在會議過程中詳細做好會議記錄（在得到允許的情況下，可另外做錄音備份）。

七段秘書的做法：發記錄——會後整理好會議記錄（和錄音）給總經理，然後請示總經理是否需要發給參加會議的人員，或者其他相關人員。

八段秘書的做法：定責任——將會議上確定的各項任務，一對一地落實到相關當事人，然後經當事人確認後，形成書面備忘錄，交給總經理與當事人一人一份，並定期追蹤各項任務的完成情況，及時彙報總經理。

九段秘書的做法：做流程——把上述過程做成標準化的「會議」流程，讓任何一名秘書都可以根據這個流程，將任務結果做到九段，形成不依賴任何人的會議標準程序。

從以上九種不同段位秘書的工作方法我們可以看出，對執行的理解程度不同，秘書的工作內容也會產生很大變化。

所以，若想拉著企業奔跑，我們在工作時就不能只將目光停留在「完成任務」上，應該看得更長遠一些，將執行的著眼點放在「結果」上，而且最好是一個能創造價值的好結果。

永遠不要說「做得夠好了」

「沒有最好，只有更好」這是一句值得每個人銘記一生的格言。永遠不要認為自己已經「做得夠好了」，如果你將自己定位於稱職，就不能再上升一個層次；但如果你將自己定位於卓越，那你一定能找到方法讓自己做得更好。

職場中，普遍存在著這樣一種人，他們認為自己什麼都做了，但當結果不理想時，總習慣推辭說：「我已經做得夠好了。」習慣說自己「做得夠好了」的人，不僅是對工作的不負責，也是對自己的不負責。每個人身上都蘊藏著無限的潛能，如果你能替自己定一個較高的標準，不斷地激勵自己超越自我，那你就能擺脫平庸，走向卓越，甚至是完美。

任何事情，只要你用認真的態度對待，它就能變得更好，有些事如果老是做得不完美，那是因為你沒有真正去用心。

對於公司的員工來說，具備對「結果不滿足」的態度，才能讓自己在職業生涯中獲得成功；那些不求上進的員工，只會令老闆反感。

張濤和王雷同時進入一間電子公司任職。張濤是清大電子工業系的畢業生，大學學歷；王雷學的則是貿易專業，學歷是普通的專科。但兩年後，王雷升為銷售部的主管經理，張濤卻仍是一名普通的工程師。

某次，在公司春酒宴席上，一位老員工小聲地問總經理：「張濤是清大畢業，所學專業又與公司產品吻合，為什麼您提拔的是王雷而不是他呢？」

總經理微微一笑：「雖然王雷的學歷沒有張濤高，但他全身上下散發著強烈的野心，無論交給他什麼任務，他總能盡力做到十全十美。」

一名自認為做得夠好的員工，總覺得只要能保住現在的飯碗就好，即使工作和人生規劃無意義也無所謂。而這樣的員工忽略了一個事實，那就是不敢挑戰自我，不敢接受新的任務；若只做自己能力所及的事情，那自然只能收到老闆發出的裁員通知。

「不論耗費多少精力與時間，都是值得的。」優秀的員工會這麼說，每天工作所帶給他的成就感與滿足感，是金錢無法買到的無價之寶。把工作完美做好的那股強烈喜悅感，是那些做一天和尚撞一天鐘的員工永遠也領悟不到的。

約翰現在是一家公司的老闆，以前他也只是名普通的業務員。他當時在一本書上看到這樣一句話：「每個人都擁有超出自己能力十倍以上的力量。」他被這句話深深地激勵，因而開始反省自己的工作方式和態度，發現自己過去錯過了許多可以成交的機會。於是，他制訂了嚴格的工作計畫，要求自己每天都要確實執行。兩個月後，他回過頭檢視自己，發現業績足足增加了兩倍；數年以後，他擁有了自己的公司，而現今，他在更大的舞臺上應驗著這句話。

只要相信自己可以做得更好，你就一定能做到；且除了相信自己外，還有另一個關鍵在於——改變你的態度。

當每個人都能將「做到最好」變成一種習慣時，就能從中學到更多的知識，累積更多的經驗，在全心投入工作的過程中找到快樂。

這種習慣或許不會有立竿見影的效果，但可以肯定的是，當

「做不到最好」成為一種習慣時，其後果將可想而知——工作上投機取巧也許只會給老闆和公司帶來一點經濟損失，但卻影響著你個人前途的發展。

「沒有最好，只有更好」這是一句值得我們銘記一生的格言，有無數人因為養成輕視工作、馬馬虎虎的習慣，因而對手上的工作抱著敷衍了事、糊弄的態度，終其一生處於社會底層；細想一下，你的內心是否也心有戚戚焉呢？

積極進取，「我的位置在高處」

不思進取的員工不但無法妥善發展，還極有可能在日益激烈的競爭中慘遭淘汰。只有那些積極進取，努力達成公司需求的員工才能在職場裡長久地生存。

荷西·穆里尼奧（José Mourinho）是一位成功的運動員、體育教練，年輕時，他多次參加足球聯賽，累計得過好幾次的冠軍，不可勝數。且在他執教的二十多年裡，又帶領出好幾支獲得世界冠軍的隊伍。

「你認為一個人要成功，最重要的是什麼？」有一天，一位記者問他。

「永遠追求新的高度。」他說。

穆里尼奧認為，作為一位運動員，在成長過程中，會經歷很多階段，但如果在任何一個階段安於現狀，都可能導致運動生涯終止。比如，一名運動員如果取得地區冠軍就滿足了，他絕對不可能取得全國冠軍；當他取得全國冠軍就滿足了，那他絕對不可能取得世界冠軍；當他取得一個世界冠軍就滿足了，他絕對不可能取得下一個世界冠軍。

「生命不息，奮鬥不止，我經常這樣教導我的學生。」穆里尼奧說，「他們也從來沒有令我失望。」

事實上，世界就是一座競技場，每個人從出生那天起，就被迫投入到比賽當中，比學習成績，比工作成果，比事業成就，比家庭幸福……而最後的成功者，總是那些積極進取，不滿於現狀的人。

黛安妮是美國一家時裝企業的創始人。她二十三歲時，跟父親借了三萬美元，創辦了一家服裝設計公司，之後她努力將自己的公司發展為一間龐大的時裝企業，年銷售額高達兩百萬美元。接著，她又創立一家化妝品公司，她還與其他公司合作，使用她的名字作商標生產皮鞋、手提包、圍巾和其他產品；而她只用了五年的時間就完成了這一切。

這位時裝界的女強人對成功又是如何解釋的呢？她說：

「若將人生視為一段旅程，成功便是沙漠中的一片綠洲，你在這裡稍作休息，舉目四望，欣賞一下這裡的景緻，呼吸幾口清新的空氣，睡上一個好覺，然後繼續前進。我認為成功就是生活的一部分，它能體驗人生中所有的一切——既有歡樂和勝利，也有痛苦和失敗。」

黛安妮認為，有一股不斷前進的欲望始終在推動著她，她說：「當我朝著一個目標努力時，這個目標又會將我帶到一個新的高度，使我踏上一條全新的道路，但我並不知道自己到底會走向何處。路途中會發生各式各樣的事情，出現各種不同的狀況，甚至遇到災難；但道路將會越走越寬廣，因為我有一個不變的信念：『保持靈機應變的能力，在人生的經歷中，不放過任何一個成功的機遇。』」

黛安妮事業上的成功取決於她積極進取的態度。滿足現狀就意味著退步，一個人如果從來不為更高的目標做準備的話，那他永遠無法超越自己，永遠只能停留在最初的水準上，甚至倒退。

美國富蘭克林人壽保險公司前總經理貝克曾這樣告誡他的員工：「我勸你們要永不滿足。這個不滿足是指上進心的不滿足，而這個不滿足已經在世界歷史中實際展現了進步和改革。因此，我希望你們絕不要滿足，要迫切地希望自己永遠覺得不滿足，進而改善和提升自己，甚至是改進和提升你們周遭的世界。」這樣的告誡，對我們每一個人來說，都是必要的。

生活中最悲慘的事情莫過於看到這樣的情形：一群雄心勃

勃的年輕人滿懷希望地開始他們的「事業旅程」，但他們卻在半路上停了下來，滿足於目前的工作狀態，然後漫無目的地過完人生。由於缺乏足夠的上進心，使得他們在工作中沒有付出100%的努力，因而無法有其他更好、更具建設性的想法或行動，最終只能當一名普通職員。只有積極進取、追求完美、精益求精的人，才能真正成為拉著企業朝成功奔跑的人。

不思進取的人不但無法得到發展，還有可能在日益激烈的工作競爭中被淘汰。只有那些不斷學習，不斷滿足企業需求的員工才能長久地生存；能和自己較勁的員工，才能擁有不懈的動力，並憑藉著這樣的動力，不斷提升自己，全力以赴地將工作做到最好，也為自己的人生提供更多不一樣的機會。

因此，不管你在什麼行業；不管你有什麼樣的技能；也不管你目前的薪水多豐厚、職位多高，你仍然應該告訴自己：「做一位進取者，我的位置會在更高處。」而這裡的「位置」是指對自己的表現、評價和定位，不僅限於工作的職位或社會地位。

「追求卓越」，無論是對企業，還是對員工，都有著不凡的意義，以企業來說，它能為公司帶來目標，帶來動力，也帶來嚴格認真地實施制度化管理的理由，還帶來了激勵員工的精神元素和建設優秀企業文化的素材，對公司的意義十分重大。那對我們這些普通的員工來說，「追求卓越」的意義又何在呢？

其實與企業帶來的價值一樣，「追求卓越」為你帶來職業發展的目標和動力；帶來認真做好自我管理的理由；更帶來促使我們熱情澎湃、忘我工作、不懈努力的精神。簡言之，如果你是一名普通人，但渴望在職業生涯中贏得成功，那麼「追求卓越」絕對是你不可或缺的精神。

當你在為公司工作時，無論老闆將你安排在哪個位置上，都不要輕視自己的工作，盡可能地承擔責任，擔負起工作的責任來；每份工作都值得你追求卓越，而每份工作也都有可能淘汰掉平庸的人。

做到最棒，做到出色，做到卓越，不僅有益於公司和老闆，最大的受益者其實是我們自己。它意味著機會、加薪、提升以及其他更多的報酬，包括金錢、權力、名望、歡樂、人際關係的和諧、精神上的啟發、信心、開放的心胸、耐性，以及其他任何你認為值得追求的東西。對事業無限的忠誠與執著，全力以赴追求卓越，一旦養成做到最棒的習慣，你將成為一位值得信賴、不可缺少的人物，被委以重任，始終被老闆所器重。屆時，你不但能安穩地保全你的工作，還有能力選擇工作，更意味著升遷。

企業只需要卓越的員工，無論是普通員工，還是各級管理者，只有做到卓越，才能掌握自己的命運；若不想出局，那就全力以赴地投入工作，做到卓越，培養出自己的核心競爭力，不被淘汰。

Niche 5

企業也能靠「利基」擦出勝利火花

The Secret Of Niche

Niche

找出企業的寶藏：利基（Niche）

企業價值建立在企業競爭力

不只你有利基，企業當然也有。企業的核心競爭力是其在經營的過程中所累積的知識和特殊的技能（包括技術開發、管理策略等）以及相關的資源（如人力資源、財務資源、品牌資源、企業文化等）所組合成的一個綜合體系，是企業獨具的、與眾不同的一種綜合能力。

但若要讓企業持續在商場上生存，就要靠核心競爭力。核心競爭力是1990年由兩位管理科學家哈默爾（Gary Hamel）和普拉哈拉德（C.K. Prahalad）在《哈佛商業評論》發表的〈企業核心能力〉一文中所提出，迅速在企業發展和企業戰略研究方面占據主導地位，成為指導企業經營和管理的重要理論之一。它的產生形成企業發展的一個新觀點：企業的發展由自身所擁有的資源決定，而企業需要將這些資源構建成自己的核心競爭力，以提高在市場上的競爭優勢，並以此建構「護城河」。

根據麥肯錫管理諮詢公司（McKinsey & Company）的觀點，所謂的企業核心競爭力是指某一企業由公司內部互補技能和知識所結合出來的，它具有使一項或多項業務達到競爭優勢的力量，包含洞察預見能力和執行能力。洞察預見能力主要來源於科學技術知識、獨有的數據、產品的創造性、卓越的分析和推理能力等；執行能力則立基於員工的執行力上面，即企業最終的產品和服務品質會因為負責執行的員工而產生改變。企業核心競爭力是企業的整體資源，它涉及企業的技術、人才、管理、文化和凝聚力等各方面，是全體員工共同建構出的能力。

而核心競爭力的累積關鍵就在於創建學習型組織，在不斷地修煉中自我組織再造，增加企業的專利技術以及無法輕易仿效的隱性資產，以維持市場競爭力。

近十年來，中國至少有千家公司以打造學習型企業為目標，依照「學習型組織」管理的理論進行企業再造，積極建立「繼續教育」、「終身學習」和「共同參與」的良好學習制度，促使企業與員工一同進步、共同發展。並要求全體員工改變價值觀念，在學習目的上，將創建學習型組織當成企業管理革命的武器，透過創建活動，使企業管理模式從「制度考核」轉變為「激勵學習」。

在學習態度上，將被動學習改為主動學習，把學習轉變為創造力，變成企業基業常青的有效工具。在學習方法上，堅持內外結合、與工作外的時間結合、教育與自主訓練結合；並透過建立和完善三級中心的學習制度，即決策層、管理層、操作層，針對新技術的研發、市場行銷、財務管理、效率生產……等先進管理方法和經驗，以及法律、法規方面等知識，採取專題教育訓練，利用專題輔導、組織研討、團隊訓練、讀書心得交流等多種學習形式，有效提高員工知識水平、業務能力和綜合素質。

在創建學習型組織過程中，堅持做到學習有計畫、內容有安排、過程有檢查、效果有考核，使全體成員全心全意地投入，並藉由不斷學習，讓全體成員工作中體悟到生命的意義，又透過學習增強創造自我、擴展自身未來的力量。

將核心競爭力的內涵，從不同的角度切入必然會有不同的理解，但其特徵卻大同小異。企業核心競爭力的特徵，實質上是企業能力理論的一般邏輯推理，企業與產業之間存在著差異化，核心競爭力就是讓企業能在產業鏈中，持續保有競爭的優勢。而核心能力至少要具有三個特徵：

- 有助於實現顧客所看重的價值。
- 競爭對手難以模仿和替代，故能取得競爭優勢。
- 具有持久性，它不但能維持企業競爭優勢的持續性，又能使企業具有一定的剛性。

綜上所述，我們可以演繹出核心能力的三大核心特徵。

價值特徵

創造獨特價值，而核心競爭力的價值特徵表現在以下三個方面：

- 核心競爭力在企業創造價值和降低成本方面具有核心地位，其能顯著提高企業營運效率。
- 核心競爭力能實現顧客特別的需求，一項能力之所以能成為核心，即代表著它能帶給消費者關鍵性的好處。
- 核心競爭力是企業異於競爭對手的原因，也是比競爭對手做得更好的原因。因此，核心競爭力對企業、顧客具有獨特的價值，對企業的競爭優勢具有特殊的貢獻。

資產特徵

專用性資產，對企業核心競爭力的投資是不可逆的投資，所以可將核心競爭力看作是企業的一種專門資產，具有「資產專用性」的特徵。核心能力的專用性展現在累積的過程，競爭力一般都具有歷史依存性，是企業累積學習的結果，可謂企業的「管理遺產」，使仿效者處於時間劣勢，即使其知道關鍵的核心技術，也會因為資源的累積需要一段時間，而無法參與競爭。

知識特徵

根據麥可・波蘭尼（Michael Polanyi）提出的概念，知識可分為兩大類：顯性和隱性。顯性知識即代表能明確表達的知識，能透過語言和文字傳播，很容易被仿製；而隱性知識則難以言喻，相對來說較難仿製。如果核心競爭力必須是異質、完全不能被仿製和替代的，那麼核心競爭力就必須以隱性知識為主。且正因為隱性知識不公開，內容模糊、無法傳授，在使用中難以覺察，故核心競爭力具有「普遍模糊」的特點，因此又被認為是協調企業各資源用途的知識形式，此種隱性知識可為企業打造競爭者所不能及的綜效（Synergy）。

識別出企業的核心競爭力

一間企業之所以成功，是因為它已經被證明成功了；而一間企業之所以具有核心競爭力，則是因為它取得了競爭優勢。但由於核心競爭力具有上述特點，難以被仿製和替代，因此核心競爭力的識別就變得非常困難。識別核心能力的基本方法有兩種提供給你參考：一是以經營環節為基礎；二是以技術為基礎。這兩種方法雖然都有助於企業識別其重要環節和關鍵技術，但兩者有一個共同的缺陷，就是忽略了核心競爭力的資產特徵和知識特徵，其實核心競爭力更多是表現在專用性資產、組織結構、企業文化、知識累積等隱性要素方面。因此，核心能力的識別應該從有形（資產）和無形（知識）以及內部（企業）和外部（顧客和競爭對手）等多方面著手，才能更好地理解和識別，進而強化且維持核心競爭力。

而若要從企業內部識別核心競爭力，我們可以從下面幾個方面分析。

價值鏈分析

價值鏈分析實際上是以經營環節為基礎，每個環節都有可能對最終產品產生增值行為，從而增強企業的競爭地位。有些環節的策略好於競爭者，並對最終產品或服務是至關重要的，就可以被稱作核心競爭力。但兩者存在著一個細微卻很重要的差別是：「過程中的環節由企業所從事，而核心能力則是企業所擁有的。」

價值鏈分析是一個很有用的工具，它能有效地分析企業所有營運流程中，有什麼環節對企業贏得競爭優勢能起關鍵作用，並說明如何將一系列環節整合以建立競爭優勢。

技能分析

從技能角度分析對企業來說最容易接受和掌握，而且哈默爾（Gary Hamel）和普拉哈拉德（C.K. Prahalad）起初也是從技能著手分析核心能力。大多數競爭優勢皆因於出眾的技能，好比一間企業在戰略上一定要具有技能優勢。

如果這種戰略是關於品質的，該公司可能在製造技能方面或全面品質管理上具有優勢；如果該戰略是關於服務的，那麼就要將重點放在服務技能上，透過設計更優秀的系統或更簡易的服務產品擁有某些優勢，識別和培育企業核心能力，從而獲得競爭優勢。

資產分析

資產專用性越強，可獨占的準租金越高；因此，企業內的專用性投資是取得和維持準租金的泉源。雖然巨額的固定資產投資可以在進入壁壘時獲得超額利潤，但這種有形的專用性資產產生的優勢，因容易模仿而難以持久，所以，穩定、持續的競爭優勢來自於無形資產的專用性投資。

無形資產主要分為四大類：市場資產、知識產權資產、人力資產和基礎結構資產。我們看到很多優秀企業的優勢並不體現在現代化的廠房和先進的機器設備上，而是蘊藏在下列諸多的無形資產中：

- 市場資產：產生與公司和其市場或客戶的有益關係，包括品牌、忠誠客戶、銷售管道、專營協議等。
- 人力資產：體現在企業雇員身上的才能，包括群體技能、創造力、解決問題的能力、領導能力、企業管理技能等。
- 知識產權資產：受法律保護的一種財產形式，包括各種IP與專業技術、商業秘密、版權、專利、商標和各種設計專用權等。
- 基礎結構資產：指企業得以運行的那些技術、工作方式和程式，包括管理哲學、企業文化、管理過程、信息技術系統、網路系統和金融關係等。

而人力資產是整個企業運行的基礎，市場資產和基礎結構資產則是企業贏得競爭優勢的核心，知識產權資產只能取得暫時的相對優勢。常說可口可樂公司的核心競爭力在於其神秘的可口可樂配方，還不如說是可口可樂公司具備讓消費者相信有秘密配方的能力，而這個能力就建立在市場資產和基礎結構資產等無形資產基礎之上。因此，識別企業的核心能力可以從企業的無形資產著手，特別是品牌、通路、文化、結構和程式等方面，因為這些因素是企業自身長期投資、學習和累積的結果，具有難以模仿和複製的特徵。

知識分析

正如哈默爾（Gary Hamel）和普拉哈拉德（C.K. Prahalad）所說，核心能力可被認為是關於如何協調企業各種資源用途的知識形式。而麥可・波蘭尼（Michael Polanyi）關於顯性和隱性知識的劃分，儘管有利於解釋企業核心競爭力難以模仿和複製的原因，但對於企業進行知識分析則顯得粗糙。對知識的分類較權威的解釋來自世界經濟合作及發展組織（OECD，簡稱：經合組織），其將知識分為四種類型：

- 瞭解是什麼的知識（Know－what）；
- 瞭解為什麼的知識（Know－why）；
- 瞭解怎麼做的知識（Know－how）；
- 瞭解是誰的知識（Know－who）。

其中，前兩類屬於顯性知識，後兩類則屬於隱性知識。

企業知識並不是企業個體所有知識的總和，而是企業能像人一樣具有認知能力，把其經歷儲存於「組織記憶（Organizational Memory）」中，從而擁有知識。但若過分強調組織記憶容易削弱企業的學習能力，導致僵化和盲目，長久下來對於環境的變化將缺少長遠眼光。

企業核心競爭力的識別也可以從外部環境著手，即從競爭對手和顧客的角度分析，企業之所以具有核心競爭力，在於它提供的產品和服務以及對顧客的價值與競爭對手具有很大的差異。而核心競爭力的外部識別方法有兩種：一是核心競爭力對顧客的貢獻分析；二是核心競爭力的競爭差異分析。

核心競爭力對顧客的貢獻分析

顧客貢獻分析與價值鏈分析的主要區別在於顧客貢獻分析是從企業的外部出發，分析帶給顧客的價值中哪些是他們所看重的，這核心價值的能力便是核心競爭力，而不是從企業內部創造價值的過程分析。例如消費者之所以會購買特斯拉，便是因為特斯拉的電動車技術，較其它品牌的電動車款穩定、成熟，且使用電力驅動降低空氣汙染，對環境造成的衝擊較小；政府也因環保議題廣為推廣電動車，提供綠能補助，使消費者不僅能對環境貢獻一份心力，又能大大地節省荷包，因而讓特斯拉具有核心競爭力，取得市場競爭優勢，在台灣掀起一股旋風，使消費者趨之若鶩，爭先搶購。所以，要識別核心競爭力前你必須弄清楚：顧客願意付錢購買的是什麼；為什麼他們願意為這些產品或服務支付更多的錢；哪些價值因素對顧客來說最重要，經過如此分析，才能初步識別出打動顧客的企業核心競爭力。

核心競爭力的競爭差異分析

麥可・波特（Michael Porter）認為，一間企業的競爭優勢取決於兩個因素：一是產業的吸引力；二是既定產業內的戰略定位。也就是說，企業要取得競爭優勢，一方面除了具有吸引該產業的資源和能力，即戰略產業要素（Strategic Industry Factors）；另一方面還要擁有不同於競爭對手且能形成競爭優勢的特殊資產，即戰略性資產（Strategic Assets）。

因此，若要從競爭對手的差異性角度來分析出自己的核心競爭力有兩個步驟：

- 分析企業與競爭對手擁有哪些戰略產業要素，各自擁有的戰略產業要素有何異同，造成差異的原因何在。
- 分析企業與競爭對手的市場和資產表現差異，特別是企業不同於競爭對手的外在表現，如技術開發和創新速度、產品形象、品牌、聲譽、售後服務、顧客忠誠等，識別哪些是企業具有的戰略性資產，根植於戰略性資產之中的便是核心能力。

透過以上內、外部辦法找出企業的寶藏，也就是本書所一直強調的利基，讓公司在競爭激烈的市場上，不至於被打敗；進而發展出更多有利於自身的優勢並開創出藍海市場。

透過戰略佈局，提升競爭優勢

不怕找不到企業的核心競爭力

1990年，美國著名管理學者哈默爾（Gary Hamel）和普拉哈拉德（C.K. Prahalad）的核心競爭力（Core Competence）模型是著名的企業戰略模型，其戰略流程的出發點是企業的核心力量。

他們認為，隨著世界的發展變化，競爭加劇，產品生命周期的縮短以及全球經濟一體化的加強，企業的成功不再歸功於短暫或偶然的產品開發或靈機一動的市場戰略，而是企業核心競爭力的外在表現。上一節已大致提及他們的論述，若按照他們的定義，核心競爭力即是能讓公司為客戶帶來特殊利益的一種獨有技能或技術。

企業核心競爭力建立在核心資源基礎上的企業技術、產品、管理、文化等，使企業在經營的過程中，形成不易被競爭對手仿效，並且能帶來超額利潤的獨特能力。在激烈的競爭中，唯有企業找到利基，發展核心競爭力，才能獲得持久的競爭優勢，長盛不衰。

一般而言，競爭優勢的基本戰略類型可分為以下三種：

成本領先戰略（Cost Leadership）

實現成本領先，意味著企業成為產業中的低成本製造者。儘管成本領導者依靠低成本實現競爭優勢，但它在價格上也要達到一般的價格水平。

如果多間公司互相角力，致力於成為行業內的成本領導者，那將是一場災難。

差異化戰略（Differentiation）

實現差異化，意味著企業在行業內占據獨一無二、無人取代的地位，並廣泛地被顧客接受和欣賞。

但差異化企業也不能忽視其成本地位，在不影響差異化戰略的情況下，企業應盡可能降低成本；在已實現差異化的領域內，產品成本要至少低於企業從買方手中收取的價格溢價。而可以實現差異化的領域有：產品、通路、銷售、市場、服務、企業形象……等等。

聚焦集中戰略（Focus）

實現聚焦集中策略（戰略），意味著企業成為某一細分市場或同業中的最佳企業，且通常使用兩種策略，分別是集中於成本和集中於差異化。

對那些運用聚焦戰略的企業來說，最危險的事情莫過於成功之後，便逐漸忽視他們所聚焦的對象；因此，企業必須不斷尋找新的聚焦對象，而不是放任自身的聚焦戰略效能減弱。

傳統自外而內（Outside-in）的戰略，例如：麥可・波特（Michael Porter）所提出的五力分析模型，將市場、競爭對手以及消費者置於戰略流程的出發點上進行分析；而核心競爭力理論恰好與其相反，從長遠來看，企業的競爭優勢取決於能否以低成本，比競爭對手更快速地構建出核心競爭力，造就出料想不到的關鍵技術或產品。其實企業真正的競爭優勢在於將競爭力整合、鞏固開發技術的能力，能快速調整適應變化的市場環境；企業核心競爭力可能是具體、固有、整合或應用型的知識、技能和態度的各種不同組合。

哈默爾（Gary Hamel）和普拉哈拉德（C.K. Prahalad）在他們的《企業核心競爭力》（The Core Competence of the Corporation）一文中，駁斥了傳統的組合戰略，他們認為應該以核心競爭力為中心才能構建出完善的企業。

企業核心競爭力是透過不斷地提升和強化內部來建構的，我們應該將它視為戰略核心，以關鍵競爭力作為戰略出發點，幫助企業在設計、發展某一獨特的產品功能上實現全球領導地位。

而且還要注意不能讓企業的核心競爭力發展成僵化的核心。對企業來說，學習培養一個核心競爭力很難，我們不遺餘力地建構了一項核心競爭力，卻可能因為我們忽略了新的市場環境和需求，而造成公司停滯僵化，面臨固步自封的危險。因此，不僅是要找出企業的利基，更要懂得適應市場的變化，不斷強化並優化核心競爭力，取得不敗的競爭優勢。

從案例學習如何形成核心競爭力

你可能會問我，前面講述了這麼多，但還是不知道到底該如何把企業的核心競爭力找出來，更何況是強化呢？是的，繁雜冗長的解釋，往往不及於透過案例獲取經驗來得有用。所以，我找到沃爾瑪（Wal-Mart）的案例供你參考，相信透過案例，你能馬上融會貫通，順利找到企業的核心競爭力。那現在就讓我們來看看沃爾瑪是如何造就它們的成功。

沃爾瑪從創店開始已經過五十餘年的發展，為美國最大的私人企業和世界最大的連鎖零售商。沃爾瑪曾連續四年獲得全球五百強企業的首位；它在長期經營的過程中，走出自己獨特的經營之道，並形成關鍵的核心競爭力。而它的核心競爭力及其培育之道，可以歸納為以下幾個方面：

天天平價——低成本核心競爭力的培育

零售業的關鍵即是顧客滿意度。沃爾瑪以「天天平價」作為經營宗旨，但這裡的平價並不是指定期或不定期的優惠促銷活動，而是長期穩定的維持商品低價模式。若想保證低價格競爭戰略有效的實施，關鍵在於其低成本核心競爭能力的培養，但前提是要從各個環節降低成本，以確保能將商品價格壓低：

- 控制進貨成本

進貨成本是零售企業控制成本的關鍵。在進貨方面，沃爾瑪採取了以下方法來降低成本：一是採取中央採購的模式，實施統一進貨，尤其是針對在全球銷售的知名商品，如可口可樂、3M等，沃爾瑪將要銷售的商品一次性簽訂為期一年的採購合約；透過集中採購大大提高了企業與供應商談判的議價能力，有利於大幅度降低商品的進貨成本。二是和供應商採取合作的態度，沃爾瑪宣稱不收取供應商任何上架費用，還主動提供他們必要的銷售報告，透過網路實現資訊共享，讓供應商能在第一時間知道自家產品在沃爾瑪銷售的存貨狀況，以便及時安排生產和運輸。透過以上這兩個方法，沃爾瑪成功依靠供應鏈管理取得成本優勢，將從中的獲利讓利給顧客，再形成價格優勢。

- 控制物流成本

物流成本控制是衡量零售商經營管理水平的重要指標，也是影響經營成果的重要因素。它們建立了強大的配送管理系統，擁有全美最大的公司衛星通訊系統和最完善的運輸車隊，所有分店的電腦打從一開店就和總部連線，實現全自動化的配送運輸，透過信息流對物流、資金流的整合、優化和及時處理，達成有效的物流成本控制。

- 降低經營成本

沃爾瑪將成本控制體現在所有環節上，不單在商品，甚至在員工的辦公室，你都看不到任何昂貴的辦公用品、傢具和地毯，也沒有豪華的裝飾及擺飾。且沃爾瑪公司還明文規定，員工出差時，需兩人同住一間旅館；商店裡諸如照明設備跟空調設備……等，都以節約能源和降低成本為首要考量，施行統一管理。公司還鼓勵員工一同為節省開支群策群力，獎勵、提拔那些在損耗控制、貨品陳列和商品促銷有所貢獻的員工。沃爾瑪也盡量減少廣告支出，他們認為「天天平價」就是最好的廣告。

沃爾瑪全體員工由上而下都在為削減成本努力，使經營成本遠低於其他競爭對手。也正因為這些措施，才能讓沃爾瑪成功地控制成本，不斷強化低成本的核心競爭力，為經營宗旨「天天平價」提供強而有力地保證。

顧客至上——優質服務能力的強化

嚴峻的市場競爭告訴我們，企業若不能滿足顧客的需求，那就無法生存下去；對零售業來說更是如此。而沃爾瑪深諳此道理，將「顧客至上」放在公司經營理念的第一位。

只要事關顧客利益，沃爾瑪都會站在顧客立場，竭盡所能地維護客戶的利益，這一點在與供應商的合作上表現得尤為明顯。它們始終站在消費者的立場，嚴格挑選適合的供應商，並與廠商討價還價，目的就是要做到商品齊全，並在品質保證的前提下，提供顧客價格絕對低廉的商品，使消費者滿意。

沃爾瑪對顧客的關係哲學：「顧客是老闆，顧客永遠是對的。」在沃爾瑪任職的每位員工，到職第一天就被諄諄告誡：「你不是在為主管或是經理工作，你和他們沒有區別，你們擁有一個共同的『老闆』——那就是顧客。」為使顧客在購物的整個過程中感到愉快，沃爾瑪要求員工的服務要超越顧客的期望值，主動將顧客帶到他們需要的商品前，而不是告訴他們商品擺放的位置，更不可以用手比劃，指揮顧客怎麼走。每位員工都要熱情地主動與顧客打招呼，詢問其是否需要幫助，並熟悉自己負責商品的產品優點和價格高低，保證消費者趁興而來，滿意而歸。

沃爾瑪一向重視營造良好的購物環境，經常在店內開展新奇且多樣化的促銷活動，如：社區慈善捐助、娛樂表演、季節商品酬賓、幸運抽獎、熱門商品展覽和推薦……等，吸引廣大的顧客上門。而且每週都進行顧客滿意度暨建議調查，根據收集到的反饋即時更新商品的組合，改進商品陳列擺放，營造舒適的購物環境，使顧客不但能買到需求商品，還能有全方位的購物享受。

公司還為顧客提供「無條件退貨」保證，凡是從沃爾瑪購買的商品，不用任何理由，即使沒有收據，沃爾瑪都無條件受理退貨。如此高品質的服務，意味著顧客永遠是對的，它們寧可回收一件不滿意的商品，也不願失去一位顧客。

且，他們現在還試圖研發臉部辨識系統，趁消費者在排隊結帳時，利用電子設備判別顧客的臉部表情，一旦發現他面露不悅，就會請其他員工通知收銀人員關切該名顧客，提供適當的協助；沃爾瑪希望藉由這項技術提升客戶體驗，在客訴發生之前，就先一步回應他們的需求。

沃爾瑪也研擬開發無人機的應用，為了進一步強化顧客購物體驗，打造與眾不同的服務力抗對手，他們打算將無人機安置於賣場內，協助顧客找出所需商品並集貨，縮短人力作業的等待時間。無人機會避開顧客購物區域，主要在內部貨倉及交貨區之間往返，飛行路線也會安排在貨架上空而非走道，確保顧客安全，並避免無人機飛行噪音對顧客造成干擾。

正是這種把顧客需要放在第一位，視客人為座上賓的態度，讓它們贏得顧客的信任，穩坐零售業龍頭的王座。

高效的物流配送系統

除了控制成本以及顧客至上外，沃爾瑪的物流系統也被廣為推崇，商品配送是沃爾瑪達到最大銷售量和最低成本的存貨周轉及費用的核心，高效快捷的物流配送系統為它們贏得競爭優勢，是它們成功的保證。

整間公司有85%的銷售商品由這些配送中心供應。沃爾瑪完整的物流系統不僅包括配送中心，還有更為複雜的資料輸入採購系統、自動補貨系統等。

沃爾瑪還擁有全美最龐大的公司運輸車隊，採用電腦進行車輛的調動，透過全球衛星定位系統進行車輛定位跟蹤，確保了調派的靈活度，以便為一線商店提供最好的服務，構成它們供貨系統另一個無可比擬的優勢。商品從倉庫到任何一家商店的時間不超過四十八小時，相較於其他同業平均每兩週補貨一次，沃爾瑪保證分店貨架平均每週補貨兩次；快速的送貨，使各分店即便只有少量的存貨，也能確保正常銷售，從而大大節省了空間，各司其職將職能最大化。

沃爾瑪的配送中心也實現了完全的自動化。配送中心內每樣商品都有RFID條碼，由輸送帶運載商品，過程中使用掃描器和電腦追蹤每件商品的擺放位置及輸送狀況，以確保商品送達至正確的卡車上。配送中心每年處理數億件商品，可保證99.99%的訂單正確無誤。

管理手段的資訊化

資訊共享是有效實現供應鏈管理的基礎。一條供應鏈若要做到上、中、下游各環節的協調，就必須先在各環節建立資訊化的共用系統。沃爾瑪在資訊科技方面的投資不遺餘力，斥巨資架設公司的電腦資訊系統、衛星通信系統和大數據交換系統……等，讓公司在技術方面始終遙遙領先。利用先進的電腦系統，使它們能讓商店銷售與配送中心資訊同步，而配送中心又與供應商同步；科技化的管理，大大增強了公司的核心競爭力，造就了它們在零售業的成功。

沃爾瑪早在二十世紀九〇年代初就於公司總部建立龐大的資料中心，集團旗下的所有商店、配送中心也與供應商建立連線。廠商可以透過系統進入沃爾瑪的電腦配銷系統和資料中心，直接從POS系統（銷售點終端，Point of Sales）得到其供應的商品流通狀況，如不同分店及不同商品的銷售統計資料；沃爾瑪各倉庫的存貨和調配狀況；銷售預測、電子郵件及付款通知……等，以此作為供應商安排生產、供貨和送貨的依據。且生產商和供應商都可透過這個系統查閱沃爾瑪的產銷計畫，從而實現了優質的供應鏈管理，使得三方都獲得更多更大的好處。

獨特的企業文化

沃爾瑪對每位忠誠努力的員工傳達他們對集團經營成功的重要性，它們始終認為：「善待每位員工，他們才會善待每位顧客。」在沃爾瑪，公司員工不被稱作職員，稱為夥伴或是同仁，靠大家團結一致的奉獻取得成功；反過來，公司也妥善照顧員工，讓他們感覺沃爾瑪是一個大家庭，而自己就是家庭的一員。沃爾瑪對員工的關心不僅僅是口頭或是條例式的企業文化理論，而是一套詳細且具體的實施方案；這也是沃爾瑪在面對競爭時能不被輕易打倒的原因，他們有忠誠的員工做為後盾，為他們的拓展付出極大的行動力。

在沃爾瑪公司，所有人都受到平等的對待，若員工想為企業的經營獻計獻策，都有表達的機會和管道。良好的溝通使每位員工都可以向經理表達他的看法，就算是對公司的不滿，他們也可以傾訴出來並且得到重視和妥善的解決。

而且，它們給予員工許多的福利政策，讓合夥關係在公司內部處處體現出來，使所有的人都團結起來，為公司的發展壯大不斷努力。

沃爾瑪透過多樣化的管理制度，打造出獨一無二的核心競爭力，讓他們穩坐連鎖零售業的寶座；但隨著科技跟消費者習慣的改變，現今它們可能位居市場龍頭，但還是要不斷思索未來的路該怎麼走，企業轉型或培養出其他更難以打敗的核心競爭力，不然它們仍有可能被競爭的浪潮吞沒。

現今，他們除了實體店面之外，也積極拓展電商的範疇。沃爾瑪有一個龐大的大數據生態系統，每天處理數TB級的新數據和PB級的歷史數據（TB、PB為儲存容量的單位，TB＜PB），其分析涵蓋了數以百萬計的產品數據和從不同的來源的的數億客戶，每天分析超過一億個關鍵字，從而強化關鍵字的對應搜索結果。

沃爾瑪利用大數據改良了重複銷售的決策，為線上銷售帶來了10%至15%的明顯漲幅，增加十億美元的收入。沃爾瑪還利用Hadoop數據開發出應用節省捕手——只要競爭對手降低了客戶已經購買的產品的價格，該應用程式就會提醒客戶，然後自動向客戶發送一個電子禮券補償差價，提升來客率。

沃爾瑪更透過店內所提供的免費WiFi，收集客戶購買的物品、他們住的地方，他們喜歡的產品等訊息，以及用戶在Walmart.com的點擊行為，消費者在店內和線上購買的物品，推特上的趨勢，當地的活動（如舊金山巨人隊贏得比賽）以及當地天氣偏差如何影響購買模式……等等，讓相關團隊分析。所有的活動都是在由大數據算法捕獲和分析從而識別有意義的大數據洞察力，進而幫助數千萬的客戶享受個性化的購物體驗。

且他們甚至企圖為消費者創造出更便利的生活。現代人生活忙碌，在網路上訂購商品之後，常因為上班無人在家，或沒有管理員代為簽收，導致貨品延遲送達。因此沃爾瑪預計與智慧鎖製造商August Home及當日快遞公司Deliv合作測試送貨進門服務，不只送貨到家，更能夠把生鮮產品送到家裡冰箱。

當消費者在Walmart.com下了訂單之後，Deliv的送貨員就會把各式的商品送至消費者家中，若沒人在家，消費者可預先設定智慧鎖的一次性開鎖密碼讓送貨員進入；即使你不在家，也可利用家中的監視器，從手機上的August程式監控整個送貨過程。

從沃爾瑪的案例當中，我們得知一個結論：唯有力爭上游，不斷的強化自身能力，才能在競爭中不被擊敗，找到沒人看到的市場缺口。而下一節我將為你介紹如何找到市場的縫隙。

站穩腳步，強化企業競爭力

從缺口找到市場的縫隙

企業培養出核心競爭力後，千萬不能就此打住腳步，在世界的各個角落每天都產生著變化，今日由你稱雄，明日可能就退居第二位。因此，不僅要持續地加強競爭力，還要找尋市場的缺口，見縫插針，開創新的局面。

利基市場（Niche Market，又稱縫隙市場、壁龕市場或針尖市場）指那些被市場中有絕對優勢的企業所忽略的細分市場；企業選定一個產品或服務領域後，集中力量發展成為領先者，先從當地市場發展，再由當地向外擴展至全球市場，建立各種壁壘，並透過專業化經營，獲取更多的利潤，形成持久的競爭優勢，開創出自己的一片天。一般利基市場具有以下六個要點：

- 狹小的產品市場，寬廣的地域市場。首先，必須找到一個新產品（或服務），集中全部資源攻擊很小的一點，在局部形成必勝力量，這是利基戰略的核心思想。然後再以利基產品，占領寬廣的地域市場；唯有非常大的市場容量，才能實現規模經濟，而經濟全球化的市場環境正好為其提供了良好條件。

- 具有持續發展的潛力。一是要保證企業進入市場以後，能建立起強大的壁壘，使其他企業無法輕易模仿、替代，或透過針對性的技術研發及專利，引導目標顧客的需求方向，引領市場潮流，以延長企業在市場上的領導地位；二是市場的目標顧客有持續增多的趨勢，企業便有可能在這個市場上持續發展。
- 市場過小且差異性較大。通常強大的競爭者對該市場不屑一顧，既然被其忽視，就一定是它的弱點；但換個角度想，我們也可以在競爭對手的弱點部位找尋可以發展的空間。所謂弱點，是指競爭者在滿足該領域消費者的需求時，所採取的手段和方法與消費者最高滿意度存在的差異，使消費者的需求沒有得到很好的滿足，而這正是取而代之的好機會。
- 企業所具備的能力和資源與對這個市場提供優質的產品或服務相稱。這要企業審時度勢，不僅要隨時測試市場，瞭解市場的需求，還要清楚自身的能力和資源狀況，量力而行。
- 企業已在客戶中建立了良好的品牌聲譽，能以此抵擋強大競爭者的入侵。
- 這個市場還沒有競爭者。

其實利基市場跟藍海市場的觀點十分接近，若你感受到生活中哪些不滿意，或似乎缺了哪種服務或產品，那就代表你找到市場的縫隙了。你知道蘋果公司當初反敗為勝的關鍵是什麼嗎？就是因為他們成功地找到了市場的縫隙。

蘋果公司是目前世界上市值最高的公司，但蘋果公司其實曾經一度面臨倒閉，它們在快倒閉的時候，董事會決議將賈伯斯（Steve Jobs）開除，可是當他離開之後，蘋果公司的經營更是每況愈下，所以只好再請賈伯斯回來擔任執行長。賈伯斯回到蘋果公司後做得第一件事，就是將所有工程師依興趣、嗜好進行分組，比如：平時喜愛運動的人，編成運動組；喜歡音樂的人，編成音樂組……等各種組別，若有人既喜歡運動又愛音樂，那麼他可以跨組，同時加入運動組和音樂組。接著，每組成員去看看自己喜愛的領域裡，市面上的產品中，有哪些不滿意的地方，也就是尋找哪裡有市場縫隙。結果，音樂組每位工程師都對隨身聽提出很多的缺點及想法，例如：體積太大、容量太少、功能太多，過於複雜……等等，於是賈伯斯請音樂組的工程師針對這些缺點，設計一款體積小、容量大且操作方法簡單……可符合他們需求的音樂隨身聽；最後工程師們成功設計出iPod，而這正是讓蘋果公司東山再起的革命性產品。

賈伯斯就是要工程師結合興趣，找出現有產品中不合意的地方，進而開發出更符合需求的產品，因而使蘋果公司瞬間在市場造成迴響，成為市場中的佼佼者。

所以對我們來說，企業每做一個策略，都要思考消費者的心裡在想些什麼，他們的需求是什麼，市場上的產品缺點又在哪裡？透過討論及研究，加以改良再設計出新的BM（Business Model，商業模式）、新的想法、新的說法，讓你聽起來就和其他人有所不同，形成你站穩市場的競爭力。

羅素·西蒙斯（Russell Simmons）曾是美國著名的黑人饒舌歌手。他憑著自身在嘻哈文化中的影響力，以嘻哈文化為起點，在短短幾年間就建立了電信、時裝、媒體、金融、消費品和諮詢等行業的龐大帝國，創造了利基營銷的神話。

嘻哈文化（Hip-Hop）融合了饒舌、DJ、霹靂舞（即街舞中的地板動作）及街頭塗鴉等文化形式，一度被認為是黑人幫派和街頭流氓間不入流的草根文化，僅在少部分的黑人青年中流行。直到二〇世紀八〇年代末，饒舌說唱的音樂形式才逐漸走出貧民窟，受到越來越多年輕人的喜愛，而羅素·西蒙斯也在此一時期成為明星。但羅素令人敬佩的不是那高超的演唱技巧，而是他敏銳地發現了隱藏在嘻哈音樂背後的巨大商機。

1992年，羅素·西蒙斯推出了以自己暱稱命名的嘻哈時裝品牌——Phat Farm。他非常清楚目標顧客群是那些喜愛嘻哈文化的年輕人；因此，在尋找目標市場上，他甚至比維京集團（Virgin Group）總裁理查·布蘭森（Richard Branson）更具有天賦。布蘭森雖然也善於將不循規蹈矩、叛逆的年輕人作為目標顧客，開發利基市場，但如果將羅素和布蘭森兩人互相比較，羅素所選擇的目標市場顯然更有針對性也更狹小，是個非常明確的市場。而且，羅素是在自己最熟悉的領域做生意，這對他來說實在太得心應手了，他知道如何將嘻哈文化發揮最大化，也懂得透過行銷活動為嘻哈文化的發展推波助瀾，不僅成功經營企業，更將嘻哈文化聲名遠播，兩兩得益。

「小眾細分市場卻有如此大的發展空間」很多人在羅素獲得了巨大的成功後，皆發出這樣的感嘆。之後，羅素又以嘻哈文化為基礎，創立了Def Jam唱片公司，與眾多超級巨星簽約，還建立了基金會，專門贊助那些未成名的說唱藝術家和街頭塗鴉藝術家，牢牢掌握了嘻哈文化的發展潮流，並設立了更多的相關企業。嘻哈文化與羅素．西蒙斯產生的影響是如此的廣泛和深遠，以至於哈佛和麻省理工學院等三十多家大學還開設了專門探討嘻哈文化和羅素．西蒙斯的學程。

羅素在嘻哈文化中大獲成功，引起眾多企業注意。為此，他還成立了dRush公司，專門幫助其他公司從嘻哈文化的潮流中分得一杯羹。如今，嘻哈文化已經衝出美國，在全球廣為流行，當初的利基市場，已然發展為令人垂涎、眾人分食的大餅，但羅素依然執市場之牛耳，不斷擴展事業版圖。

適者生存，不適者淘汰

何謂成功者思維？失敗者思維？如果我或我的家族會生產某種產品，然後租個店面，把這些產品賣掉，這整個流程的思維模式就是傳統思維，也就是失敗者思維；那什麼才是成功者的思維呢？成功者是不管產品本身如何，都會仔細研究市場縫隙到底在哪裡，了解競爭對手都強調於哪部分，從而找到其中的夾角縫隙，然後再針對這狹小縫隙，開發新的產品與市場。

若有資源上的不足，你更可以透過「眾籌」，將你或公司想要開發的新市場，做成企畫書，放到網路平台上找夥伴、找技術、找廠商、募集資金等等，這在前面章節已有提及，在穩固核心競爭力的時候，要好好尋找並利用身邊可使用的資源或人力，充分的借力，讓自己踩在一塊踏板上，跳得更遠更高。

而若不想在競爭中淘汰，你就要跳脫大家都在競爭的市場，也就是上述所提的，積極找尋並開發利基市場，另闢疆土，不僅在原有市場中站穩，更強化出另一市場。下面就讓我們來看看美國洋娃娃的故事。

市場上製作洋娃娃的公司眾多，別家看到你做這種洋娃娃，他們就做別種的洋娃娃與你競爭，但只有芭比娃娃的公司（美泰兒公司Mattel, Inc.）想到可以開發洋娃娃穿的衣服、帽子，甚至鞋子、頭髮、假睫毛……等。它們甚至靠生產娃娃的服飾，發展為全美最大的服裝公司，光美國就有四千多萬個芭比娃娃，每季、每年都不斷有新款服裝發表。而這就是不同的思維模式，當洋娃娃這個產業飽和，互相競爭時，每間公司想破頭的都是做各種不同的洋娃娃來較量，只有它們想到要做洋娃娃的衣服、襪子、鞋子……等周邊各種配飾；由此可證，唯有找到不一樣的市場，才能讓企業長遠發展下去。

達爾文提出物競天擇的理論「適者生存，不適者淘汰。」從達爾文主義至社會達爾文主義到現在，人類要生存、要發展、想賺錢、想成功，一定要記得物種進化三源：1.物競天擇；2.用進廢退；3.異花授粉（Cross pollinate）。

物競天擇、用進廢退以及異花授粉，以上這十二個字非常重要，值得大家深入研究。什麼是異花授粉？為什麼世界上有這麼多的生物？答案就是——異花授粉。各位想想，鮭魚交配時，母鮭魚把卵產在水裡，公鮭魚游過來，排出精子，然後在水裡面受精，結合成受精卵，產生下一代鮭魚；但萬一游過去的不是鮭魚，而是別的魚，它排出的精子是否也會與鮭魚卵受精呢？有可能會的，那這樣便產生新的特殊物種，而這就是所謂的異花授粉。

現在有很多園藝專家，常常把A植物嫁接在B植物上，讓它長出另一新品種出來。大自然也常常發生這種事情，風一吹，恰好把二種不同的樹枝攀纏在一起，兩者進而繁殖，於是產生了新的品種；雖然可能一百萬年才發生一次這樣的事，但地球已誕生四十五億年，若用四十五億年去除，有幾個一百萬年發生這樣的事？而這就是跨界的概念，有很多領域的知識，在這個領域裡你或許不值錢，但到了另一個領域裡，卻令人大開眼界，讓人驚呼原來你會這個。

舉例，諾貝爾獎項裡沒有數學獎，但為什麼歷年來卻有七位數學家得到諾貝爾獎呢？因為他們都在別的領域裡獲獎，在這七位數學家裡面，其中六位得到的是諾貝爾經濟學獎，另一位則是獲得諾貝爾物理學獎；他們以數學的基礎去研究經濟學家無法解答的問題，因而獲得了諾貝爾經濟學獎。

當你的公司在某個領域、某個市場裡面不斷地競爭，現有市場裡的需求都已飽和，毫無任何再發展的機會，但倘若你能找到另一領域的新市場，你會發現你沒有其他競爭者。

所以，若想在市場站穩腳步，唯有在核心競爭力上不斷強化，以創新作為企業基礎向外發展，找到另一利基市場與新藍海；不然公司就會被市場淘汰，如同達爾文的天擇論般，不適合的物種將被環境所淘汰，進而滅絕。

例如，美國知名設計公司IDEO參考動物心臟閥門的運作原理，設計出騎自行車的專用水壺，車手只要擠壓瓶身即能飲用瓶中水，停止擠壓壺口便自動閉合。又如1941年，瑞士工程師喬治・德馬斯楚（George de Mestral）在愛犬身上看到沾黏於身上的芒刺，他好奇地取下這些芒刺，拿到顯微鏡下觀察，發現芒刺由一排鉤狀組成，能夠輕易地黏附在動物的皮毛或人類的衣服上；於是他研究、發明出現今仍被廣泛使用的「魔鬼氈」。

其實很多時候，只要多關注市場的動態和需求，就能找到不同以往的新想法，發展出不同以往的新東西，可立即鞏固市場地位。

美國人最愛吃的早餐是牛奶加上穀物麥片，早餐市場自然就成為各家麵片廠商競爭的戰場，有的加入玉米，有的加入有機穀物，有的則是雜糧，各式各樣的商品。但只有一家公司和別人想得不一樣，一般的產品都是做成搭配牛奶的方式食用，唯獨他們想到將早餐做成固體、棒條狀，可以直接拿著吃。這項產品推出之後，馬上席捲早餐市場2%的占有率，說多不多，說少也不少，但是卻打擊到40%巧克力市場；因為他們所生產的穀物棒中，最暢銷的是巧克力口味。也就是說，消費者不再只是把它當作早餐吃，平時也會買條巧克力棒來吃。所以，不同的想法，就可能會產生世界級的產品；只要想法不同，你的發展就會不同。

Niche 6

當「利基」遇上 SWOT 分析

The Secret Of Niche

Niche

強化優勢，鞏固領先地位（S+）

用SWOT分析掌握利基

SWOT是一種企業競爭分析的方法，是眾多市場行銷的基礎分析方法之一，透過評價企業的優勢（Strength）、劣勢（Weakness）以及競爭市場上的機會（Opportunity）和威脅（Threat），得以在制定個人及企業發展戰略前，先進行深入分析以及定位，幫助企業把資源和行動集中在自己的強項和具有較多機會的地方，讓戰略變得明朗。

最早由美國舊金山大學管理系教授在八〇年代初提出來，但其實早在六〇年代，就有人提過SWOT分析中所涉及的內部優勢、弱點和外部的機會、威脅這些變化因素。兩者差別在於，先提出的只是對這些因素進行個別分析，而SWOT分析法則是用系統的思維將這些獨立的因素，相互匹配組合加以綜合分析。

SWOT分析法是一套很偉大的分析方法，不管是個人還是企業，它都是最重要且實用的。在做分析時你要列出：第一、你的強項（優勢）是什麼？第二、你的弱項（劣勢）是什麼？在本書的第一章，我說過一個重點：「若你想要改變自己的人生，就要強化你的優點、優勢，而非去補足你的弱點跟不足之處。」為什麼呢？因為不管是創業，還是做什麼事情，你未來都可能需要一個團隊；而當你在組建團隊時，就是為了補足自己的弱項，尋找其他能幫你發展弱勢的人，你和團隊可謂是互補關係，有著各自的優勢，因而能夠壯大。

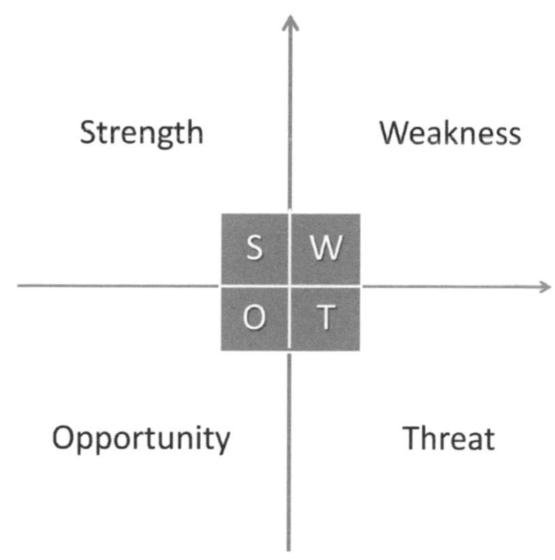

SWOT分析架構圖

以我自己為例，我非常了解自己的優點及缺點，我是文編出身，讀過很多書，文筆也不錯，但關於設計、美學、色彩……如何讓書籍整體亮麗、好看等方面，我就很弱了。從小到大，我成績最差的就是美術、音樂和體育，若我這輩子想補強這個劣勢是一件很難的事情。所以，我選擇不斷地加強自己的優點，讀更多的書，而且越讀越多；不斷寫作，加強我的文筆，而且是越來越好。因此，當我在組建我的團隊時，我只要考量團隊成員他們的強項能否補足我的弱點。

優勢也就是我們這整本書的重點：利基。不管是個人或企業，都應具備一項屬於自己的核心競爭力，並且不斷地加強、強化它，讓你在市場的價值能夠提升。當今社會，每個人、每間企業都在談核心競爭力，擁有核心競爭力能讓你在競爭中不至於被淘汰，如同我們前面所述：適者生存，不適者淘汰。在日新月異的時代，每分每秒都產生著變化，你知道現在所有電腦公司的第一代領導人（比爾．蓋茲、賈伯斯、谷歌的總裁……等）幾乎都是1955年生嗎？因為在二十年後的1975年，PC個人電腦開始出現；所以你要知道，當你在成長的時候，其他人也同樣在成長。市場快速地流動，若你還不懂得抓緊時間強化你的優勢，那你勢必成為被市場浪潮淹沒的人。附帶一提，我在1961年生，晚了那些電腦領導人六年出生，電腦上市那年我是在學校看到「Apple II」，現在的年輕人可能都沒有看過，大概只有和我同年代的人才知道我所說的，而後來的蘋果電腦已推出至imac系列，且蘋果現在還不只開發電腦而已；這就是時間所帶來的市場變化，若你不再鞭策自己成長進步，強化自己的優勢，你該如何在現今的市場中佔有一席之地呢？

做到完美，你就是贏家

如果你問普通的人與優秀的人有何區別，我會告訴你：「普通的人滿足於『尚可』的狀態，而優秀的人會將事情視為自己的責任，用盡一切辦法以求達到『完美』。」

其實，平凡和卓越只有一線之隔。在平凡中日復一日，做一天和尚撞一天鐘，是為平凡；在平凡中勇於開拓，不斷創新，即為卓越。

為了發展海爾整體衛浴設施的生產，1997年8月，三十三歲的魏小娥被派往日本，學習世界上最先進的整體衛浴生產技術。學習期間，魏小娥注意到，日本人在測試期的廢品率一般都在30％至60％，但機具調試正常後，廢品率便會降至2％。

「為什麼不能把合格率提高到100％呢？」魏小娥問日本的技術人員。

「100％？你覺得可能嗎？」日本人反問。

從對話中，魏小娥意識到，不是日本人能力不行，而是思想上的桎梏使他們滿足於2％。作為一名海爾人，魏小娥將標準設至100％，即「要嘛不幹，要幹就要爭第一」她妥善地利用每分每秒的時間學習，三週後，她帶著最新的技術知識和超越日本人的信念回到了海爾。

時隔半年，日本模具專家宮川先生來華訪問，見到了「徒弟」魏小娥，她現在已是衛浴分廠的廠長。面對一塵不染的生產現場、操作熟練的員工和100％合格的產品，宮川驚呆了，反過來向徒弟請教如何達成100%的合格率等問題。

「我曾絞盡腦汁地想辦法解決生產上的問題，但最終仍沒有成功；日本衛浴產品的現場髒亂不堪，我們一直想做得更好一些，但難度實在太高了。你們是如何做到現場清潔的呢？100％的合格率是我們連想都不敢想的，對我們來說，2％的廢品率、5％的不及格率已經很完美了，你們又是怎樣提高產品合格率的呢？」

「用心。」魏小娥簡單的回答又讓宮川先生大吃一驚。用心，看似簡單，其實不簡單。

一天，下班回家已經很晚了，魏小娥雖吃著飯，但腦中仍在想著如何解決「毛邊」的問題。突然，她眼睛一亮，看到女兒正拿著卷筆刀在削鉛筆，鉛筆的粉末都落在一個小盒內。魏小娥豁然開朗，顧不上吃飯，隨即拿出紙筆在桌上研究起來。第二天，一個專門收集毛邊的「廢料盒」誕生了，壓出板材後清理下來的毛邊直接落入盒內，解決了落在工作現場或原料上的問題，有效地處理板材上的黑點問題。

但魏小娥緊繃的弦並未因此而放鬆。試模前一天，魏小娥在原料中發現了一根頭髮，這無疑是工人在操作機具時無意間落入的，一根頭髮就是廢品的定時炸彈，萬一混進原料中就會出現廢品。魏小娥馬上替工人統一製作了白衣、白帽，並要求大家統一剪短髮；因此，又一個可能出現2％廢品的因素在萌芽之際就被消滅。

2％的改進得到了100％的完美，2％的可能被一一杜絕。

終於，被日本人認為是「不可能」的100％合格率，魏小娥做到了，不管是在試模期間，還是機具調試正常後。

魏小娥的「用心」體現的就是一種責任，它表現在對2％的改進上，而2％的改進又成就了100％的完美。魏小娥作為卓越員工的代表，再一次向我們證明，只要用心，沒有什麼問題是不可以解決的，沒有什麼目標是不可以達到的；只要做到完美，你就能成為贏家。

對於我們來說，故步自封是平庸無能的表現，平庸是你我的最後一條路。但為什麼可以選擇更好時，我們卻總是選擇平庸呢？為什麼我們只能做別人正在做的事情？為什麼我們不超越平庸呢？

「超越平庸，選擇完美。」這是一句值得我們每個人一生追求的格言，也是每個人都應具備的人生態度。下面弗蘭克的經歷能給我們許多有益的啟示。

弗蘭克是名電視台記者，他工作十多年了，一直沒有升遷的機會，職位和薪水也不是很理想；弗蘭克認為，自己已經很努力工作了，但公司卻總給他最低的評價。弗蘭克很想提出辭呈一走了之，經過一番考慮後，他打算在作出最後決定之前，先問問朋友的意見。

朋友對他說：「造成現在這種情況，你有思考過是為什麼嗎？你瞭解你的工作、熱愛你的工作嗎？你是否真正努力工作過？如果僅是因為對現在的職位、薪水感到不滿而離職，我想你離開後可能也不會有更好的選擇。稍微忍耐一點，改變你的工作態度，試著從現在的工作中找到價值和樂趣，也許你會因此有意外的發現和收穫。等你真正努力過了，到那時候再考慮辭職也不遲。」

弗蘭克聽從了朋友的建議，他重新審視了過去的工作表現，並試著多一些樂觀的想法，因而找到以前絕對無法體會的「樂趣」——在工作中他可以認識很多人，結交到很多的朋友。自那之後，他廣結人脈，對公司的不平、不滿的情緒在不知不覺中消失了。不僅如此，數年後弗蘭克在公司內得到「擅長建立人際關係的弗蘭克」的評價。

弗蘭克不但獲得了公司的升職，他也因此成為美國著名的節目主持人。

我們總喜歡從外部環境為自己尋找理由和藉口，不是抱怨職位、待遇、工作環境，就是抱怨同事、主管或老闆，卻很少問問自己：我努力了多少？我有真正對自己負責嗎？你要知道，抱怨越多，失去的就越多，藉口只會讓你一事無成。

「完美」並不是遙遠的神話，是可以真真切切做到的。只是這個過程異常的艱辛，它需要我們啟動全身的能量，開啟聰明才智，轉換思維模式，更要及時將「創新因數」注入其中。

我們不應再苦思如何改進自己的致命傷，企圖把缺點轉化成優點。相反地，我們要多花一些心思在管理自己的缺點，讓缺點不致成為你成功的絆腳石，並投注大部分的精力在加強優點，以充分發揮優勢。

做到完美，你就是贏家！這句話值得每個人謹記在心。把事情做到完美的程度，其中包含著智慧、思想、態度、能力等層面的全面較量；唯有做到完美，不斷強化自己的優勢，才能鞏固自己在市場中領先的地位，「利基」（N的秘密）也才能全面發揮。

6-2 改善劣勢，找出任何機會（W-O）

讓劣勢不再是劣勢

WO指的是劣勢＋機會，這是不太妙的狀況。大環境可能相當不錯，但自己或企業內部卻無足夠資源與之相適應，所以優勢無法被發揮，因而錯失良機。你必須考慮向外部尋求能夠整合的資源，才能將劣勢轉為優勢，從而迎合外部，找出自己的機會；也就是所謂的借力找出市場縫隙，來強化、壯大自己的發展。

這我也在前幾節討論過，你會發現不管是對個人還是企業來說，發展核心競爭力的方法其實大同小異，只是我們所針對的主角不一樣，要付出的努力也不一樣；個人你僅對自己負責，企業則要對所有夥伴負責。而要讓劣勢找到出口，最好的方式就是透過眾籌，集結其他人的力量，借力使力，整合你所欠缺的資源。

眾籌的本意就是透過管道，可以是網路社群、平台或是社團（如王道增智會）或其他種種……去籌措任何你所需要的東西，更何況現今網路發達，你想籌什麼，就籌什麼；現在可說是「無所不籌」的時代，若你還不懂得使用他人之力，創造出自己在劣勢中的機會，那絕對不會有人主動拉你一把。讓我們來看看一些使用眾籌找尋並創造機會的案例吧。

遊戲項目在眾籌網站的成績通常都很不錯。以OUYA遊戲機為例，這是眾籌平台上最成功的項目之一，它抓住典型用戶的核心需求，藉由網路的傳播，以實現良好用戶體驗為概念，而那些非典型用戶竟也被影響，成為典型用戶。他們以賣產品的方式，在短短二十四小時內就募集到最初所預期的95萬美元目標資金，之後一個月更是募集了近860萬美元的巨額啟動資金，取得的成績令人炫目。

OUYA是一種基於Android平台所開發的遊戲主機，從外形上來看，就像是一個電視的機上盒，體積雖然不大，但配置卻很足夠。共有63,416位資助者參與本次資金募集，其中大部分人提供的資金為99到150美元；且這些資助者都可以獲得一台第一代OUYA主機。該產品於2013年4月發售，其在眾籌平台（KickStarter）的成功在北美引起了轟動。

如今商業環境已產生巨大的變化，OUYA遊戲機是網路遊戲崛起的商業環境變化下的遊戲機領域中具有代表性的眾籌項目。這個項目以開發、預訂相結合的模式，先進行網路上的行銷宣傳，產品還沒有正式上線，就有了很高的知名度。且這個項目在眾籌融資的過程中，也是一次非常成功的網路行銷嘗試；OUYA遊戲機眾籌的成功說明了：行銷很重要，但商業模式比行銷更重要，產品與眾籌的結合產生了新的商業模式與新的市場價值。

以OUYA這個案例來說，其公司在眾籌之前已擁有相當高的知名度，但相關產業市場可能已過於飽和，以至於多家公司不斷拼鬥的場面，再加上網路的強勢進攻，使它們變為市場上的劣勢。因此，OUYA選擇在眾籌平台上尋找他們的新機會，不僅產生了產品話題性，更有效的提升了產品的曝光率，尋找到市場的新價值。由此可證，眾籌所能籌得的不侷限是資金，只要是你想得到的，眾籌都可能讓你原先的劣勢轉而充滿希望。

關於SWOT分析，我推薦朱成老師的《那些年一直用錯的SWOT分析》，他結合自己多年運用SWOT分析的經驗，自創改良版的「JC SWOT分析法」，首先分析威脅與機會，再來分析威脅與優勢。

自己 / 主對手	優勢 Strength	劣勢 Weakness	機會 Opportunity	威脅 Threat
威脅 Threat	S			
機會 Opportunity		W		
劣勢 Weakness			O	
優勢 Strength				T

朱成老師的 JC SWOT 分析法

讓你更清楚認識自己的現況、找出自身缺點，化弱為強，降低威脅，找出最有利的競爭對策。若您有興趣，也可去購買一本來研究一番，從多方角度來加強自己的競爭優勢吧！

擁抱機會，不再為劣勢找藉口

任何藉口都是一種推卸責任。在責任和藉口之間，選擇責任還是選擇藉口，表現出每個人生活的態度。在人生過程中，總會遇到挫折，但我們是知難而進、尋找機會，還是為自己尋找逃避的藉口？在工作中我們常常會聽到這樣或者那樣的藉口：

「我不是做這個的，這項工作我完成不了！」
「這不是我的職責範圍，你應該找別人！」
「這麼難做，乾脆不幹了！」
「那麼認真，何苦呢！」
「這方案當初是他提的，出問題當然他負責，沒我的事。」
「沒想到，市場變化這麼快，真是活該倒楣！」

以上諸如此類的藉口都是缺乏責任心的表現。

牛鋒在某次朋友的聚會中，神情激憤地對朋友抱怨老闆長期以來不肯給自己機會。他說：「我在公司奮鬥了十五年，沒想到此時此刻我正面臨著失業的危機。十五年了，我從一個朝氣蓬勃的年輕人熬成了中年人，難道我對公司還不夠忠誠嗎？為什麼就是不肯給我機會呢？」

「那你為什麼不自己去爭取呢？」朋友疑惑不解地問。

「我當然爭取過，但爭取來得卻不是我想要的機會，那只會使我的生活和工作變得更加糟糕。」他憤憤不平，義憤填膺地說。

「能跟我講一下那是什麼嗎？」

「當然可以！前些日子，公司派我去海外營業部，但我這把兒年紀、這種體力，如何經受得住這番折騰呢？」

「這不是你夢寐以求的機會嗎？你怎麼會認為這是一種折騰呢？」

「難道你沒看出來嗎？」牛鋒大叫起來，「總公司有那麼多的職位，為什麼非要派我去那麼遙遠的地方，遠離故鄉、親人和朋友？這可是我的生活重心呀！況且我的身體也不允許，我有心臟病，公司所有的人都知道，怎麼可以派一名有心臟病的人，去做那種『開疆闢土』的工作呢？又苦又累，任務繁重又沒有前途……」他絮絮叨叨地羅列著不能去海外營業部的種種理由。

這次換他朋友沉默了，因為他終於明白為什麼這十五年來，牛鋒始終沒有獲得他想要的機會，而且他也斷定，未來牛鋒仍舊無法獲得他想要的機會，甚至是終其一生，他都只能等待了。

其實，在每個藉口的背後，都隱藏著豐富的潛臺詞，只是我們不好意思說，甚至是不願說出來。藉口讓我們暫時逃避了困難和責任，以獲得些許心理上的安慰。但久而久之，就會形成這樣一種局面：每個人都習慣尋找藉口來掩蓋缺點，推卸自己應該承擔的責任。

試想一下，假如你是一名士兵，正處於戰場上，收到一個最簡單且最基本的命令——堅守陣地。

那麼在這生死關頭，你能去哪裡找理由呢？就算有成千上萬個理由，又有什麼意義呢？難道在戰場上，會因為你看似合理的藉口，而允許你臨陣脫逃嗎？又因為你的理由，敵人的大炮會因此不向你開火？

所以，工作中無須任何藉口，因為再完美的藉口對事情本身都毫無用處。在面對劣勢和失敗不該有任何藉口和抱怨，因為這是人生中必然會發生的過程；困難算什麼，雖然它看起來像強大的敵人，但一樣可以被你消滅乾淨；而藉口呢，將使你一事無成，任何藉口都是推卸責任，在責任和藉口之間，選擇責任還是選擇藉口，體現了一個人的工作態度。在遇到一個難以解決的問題或任務時，可能會讓你懊惱、焦急萬分，這時你會在其中尋找各式各樣的藉口，來為遇到的問題開脫，放棄自己的努力；還是盡一切力量、絞盡腦汁、想盡辦法解決問題？

請永遠不要放棄，永遠不要為自己找藉口，要積極尋找辦法來解決問題，就算沒希望了，也要再繼續努力，從絕望中找出希望。這樣困難將永遠不再是困難，而是你展現能力的機會，藉此找到市場的缺口。

不找任何藉口，立即行動，全力以赴地工作，誠實忠誠，帶上一顆負責任的心，完成我們應完成的每項事情，用盡一切可能，找出解決問題的辦法，持續努力，你將獲得非凡的成就。

你的劣勢，要靠自己去改善，從中尋找任何機會，而不是因為處於劣勢就選擇逃避，不斷讓自己在劣勢中意志消沉下去。

6-3 面對劣勢，克服外在威脅（W - T）

敢於面對困難，乘風破浪

WT所指的是劣勢＋威脅。此時企業內部或個人的競爭力處於劣勢，外部大環境也有著嚴重的威脅，生存面臨最嚴峻的挑戰。若領導者沒有自知之明設法轉型或提升競爭力，企業終將倒閉；若以個人來說，便是被社會現實所擊倒，面臨失業或其他種種不順影響生活。

因此，你要清楚知道何時進攻，何時走人，何時轉型，何時閃避，何時退出。我要在這裡提及一位偉人蔣介石，當年國共戰爭（又稱：國共內戰）時，他提出一個很棒的名詞，就是「轉進」，也就是向後轉、再前進的意思。蔣介石選擇轉進到台灣，當時共軍稱蔣軍全面潰敗，但蔣軍不認為自己打了敗仗，因為他們收到長官命令「轉進」到台灣；如果六十萬大軍都在大陸，一定會被擊潰，因而全部集中到台灣，防守台灣。而中共若要攻打台灣，就必須跨過台灣海峽，但別說跨過台灣海峽，共軍就連金門也無法攻下，古寧頭戰役大捷就是一個實例。當時中共因為船不夠，軍隊無法從廈門攻到金門，在後續軍力無法順利到達的情況下，他們只能找一些漁船划過去，但蔣軍備有坦克在岸邊待命，再加上蔣介石有空軍能支援，把共軍的漁船全部炸毀是輕而易舉之事。共軍連金門都無法解放，更遑論解放台灣呢？所以，「轉進」策略成功保住了台灣，也造成了兩岸現今分治的事實。

而在面臨劣勢及外在威脅時，最好的辦法不外乎是考慮轉型，將位置轉換到不同的地方上去，朝不同的方向發展，重新培養個人或企業的核心競爭力。轉型大師賴利・包熙迪（Larry Bossidy）和瑞姆・夏藍（Ram Charan）曾言：「現在，到了我們徹底改變企業思維的時候了，要嘛轉型，要嘛破產」。企業若能主動預見未來，實行戰略轉型，確是明智之舉；但從另一角度看，也是無奈之策。因此，企業分析、預見和控制轉型風險對於轉型能否成功至關重要，且如果企業無法預見，等到內憂外患產生之時，也只有轉型為上上策，才能將威脅去除。

而一般所謂的企業轉型實屬為戰略上的轉型，意味著企業的系統變革，以管理升級為基礎；以資本經營為手段；以文化轉型為核心；以推動產業的戰略性升級為目的；以員工整體素質的提高為保障，真正實現由傳統企業向符合新經濟發展的要求，以及產業發展新趨勢的數位化企業之轉變。那麼，戰略轉型的關鍵因素是什麼呢？應注意把握以下八點：

價值定位是前提

作為一間企業首先要明確自己的使命，即存在的價值是什麼，然後再根據使命，在企業外部環境與內部條件充分研究分析的基礎上，找出企業面臨的機遇與威脅，擁有的優勢與劣勢，以明確企業的發展戰略。根據企業的戰略定位，進一步明確事業領域與核心業務範圍，能為市場提供什麼產品與服務；又根據選定的事業領域，細分目標市場並解析產業價值鏈，在價值鏈上選擇關鍵環節，集中配置資源予以突破性的發展，形成競爭優勢。依託自身優勢，建立廣泛的戰略聯盟，並透過資源整合與強強合作打通產業價值鏈，彼此共用價值鏈帶來的增值效益，借力整合以泛出綜效。

產業升級是目的

企業是一個永續經營的組織，其存在的價值要透過對社會做出的貢獻來衡量。企業經營者的基本責任不光是讓今天所做的一切具有意義，更要讓企業的發展具有未來價值；而這個未來價值要有利於產業競爭力的提升，以及公司的永續經營。因此，根據企業的使命與戰略，以務實的態度與首創精神，來推動產業的技術進步與持續發展才是戰略轉型的根本目的。

管理升級是基礎

管理是透過計畫、組織、領導、協調和控制等措施來實現企業一體化營運並達成戰略目標的過程。有效的管理能避免組織離散，實現一體化經營，也是確保企業戰略目標實現的基礎。

資本營運是手段

資本營運是指根據戰略發展的需要獲取有效配置資源的方

式、方法或手段。而資本營運是科學，不是投機，是企業根據戰略發展，對自身進行的一種揚棄，即「新陳代謝」與「吐故納新」。有效的資本營運必須以實業支撐為基礎和目的，因此，可將資本營運分為三個層次，即有效配置自有資產，靠自我積累，滾動發展；合理利用信貸資金，有效配置，借力發展；股權轉讓，增資擴股，眾籌或直接融資，一體化發展。

企業文化轉型是核心

企業文化是公司員工普遍自覺的觀念和遵循的規則系統，比喻來說就是隱藏在組織細胞核中的基因密碼。現代管理的趨勢是由人管人，到制度管人，再到文化管理；而企業文化的核心價值在理念，但企業文化的價值又體現在行為。因此，我們要透過明確的企業價值與使命，規劃戰略與願景，確立公理與規則，實施激勵與約束、教育與培訓等措施，才能建立優秀的企業文化，引導員工的廣泛認同與普遍的自覺行動。

人力資本是保障

企業的競爭其實就是人力資源的競爭，更是人力資本和人力資本結構的競爭。人才是企業的第一資源，要以組織願景為旗幟去號召、以利益為紐帶，凝聚有共同理念與事業追求之士。致力於發現和造就了不起的人，圍繞了不起的人去組建了不起的團隊，再透過有統一目標的團隊共同努力，造就了不起的產品和服務，開創了不起的事業與了不起的未來。

產權結構改革是「瓶頸」

生產力與生產關係是發展過程中最常產生的矛盾，生產力決定生產關係，生產關係又反作用於生產力，兩者互相牽制影響。企業戰略轉型的目的在於更有效地整合企業的生產要素資源，在於解放和發展生產力；所以，應屬生產關係的範疇。而改善生產關係的關鍵在於改善生產關係的三個要素，即產權結構、資源配置方式和收入分配方式。這裡，產權結構是生產關係的第一要素，所以，產權結構的改革直接影響著資源配置方式和收入分配方式的改善，也直接影響著企業的營運效率。畢竟，人的潛能是極為巨大的。

核心能力建設是關鍵

核心競爭力是指企業依靠並獨特運用的資源或能力，形成遠遠超越於競爭對手，使對手在短期內難以替代的競爭優勢。基於資源的有限性，核心競爭力建設的原則是統一於技術，或統一於市場，不可兼得。當然，統一於技術不是不做市場；統一於市場也不是不要研發，這裡指的是資源配置的主要導向。

分解難題：將大目標分解為小階段

戰略轉型是一場企業深刻的變革，過程中可能面臨許多的問題，每個問題都會阻礙企業要革新的目標；因此，不妨採取將大目標進行分割的方式，將困難劃分為一個階段、一個階段的具體目標，有針對性地去攻破各個小階段的目標，問題便會迎刃而解。

俗語說「心急吃不了熱豆腐」、「一口吃不成胖子」、「欲速則不達」。有時候，我們碰到的難題較為巨大，無法同時在某一個層次進行處理，但分成不同層次就好解決了。

有一位青年，曾夢想成為美國總統，但這個夢想似乎過於遙不可及、異想天開。該怎麼辦呢？經過幾天幾夜的思索，他擬定了這樣一系列的連鎖目標。

- 做美國總統首先要做美國州長
- 要競選州長必須得到雄厚的財力後盾支援
- 要獲得財團的支持就一定得融入財團
- 要融入財團就最好娶一位豪門千金
- 要娶一位豪門千金必須成為名人
- 成為名人的快速方法就是做電影明星
- 做電影明星的前提需要練好身體，練出陽剛之氣。

按照這樣的思路，青年開始步步為營。一天，當他看到著名的體操運動主席庫爾後，他相信練健美是強身健體的好點子，因而萌生練健美的興趣。他刻苦、持之以恆地鍛鍊，渴望成為世界上最結實的壯漢；三年後，他藉著一身發達的肌肉，以近乎完美雕塑的體態，成為「健美先生」。

在未來幾年，他更囊括了歐洲、世界、全球、奧林匹克「健美先生」的殊榮，並在二十二歲時成功踏入美國好萊塢。在好萊塢，他花費十年的時間，利用自己在健美方面的成就，一心去表現堅強不屈、百折不撓的硬漢形象，終於在演藝界聲名鵲起。一直到電影事業如日中天時，他才被女友的家人所認可，愛情長跑九年的兩人終於論及婚嫁，他的女友就是赫赫有名的甘迺迪總統的侄女。

他與太太生育了四個孩子，建立了一個幸福的家庭。2003年，年逾五十七歲的他，漸漸淡出影壇，轉為從政，成功地競選成為美國加州州長，而他就是——阿諾·史瓦辛格（Arnold Alois Schwarzenegger）。

可見，「分」是一種人生大智慧，它不僅能幫助我們解除心理上的壓力，更能幫助我們妥善解決因為劣勢所面臨的威脅。拿破崙·希爾（Napoleon Hill）曾舉過這樣一個例子：

同樣是做房地產生意，傑克計畫向銀行貸款大約12,000萬美元，而羅比則向銀行貸款11,939萬美元。

最後，銀行貸款給羅比，拒絕了傑克的貸款申請。因為在銀行看來，羅比的預算具體且考慮得很周到，說明羅比辦事仔細認真，成功的希望較大。

羅比是怎樣做到將預算計畫得如此詳細呢？羅比介紹了一種將目標逐一擊破的方法，你可以利用這種方法，對自己的工作進行規劃：

假設你的工作計畫為五年，讓你的五年宏偉目標獲得成功的秘訣就是化整為零，每天做一點能做到的事。

1. 將你的目標分成五份。你把五年目標分成五份，變成五個一年目標，這樣你就可以確切地知道從現在到明年，你必須完成哪些工作。

2. 將每年的目標分成十二份。你進一步有了每月的目標，如果要落實五年計畫，你現在能更清楚地瞭解從現在到下月的此時你應該完成什麼。

3. 將每月的目標分成四份。如此一來，你可以知道下星期一早上必須著手做什麼。你才能毫不遲疑地去做自己該做的事，然後繼續進行下一步。

4. 將每週的目標分成五至七份。用哪個數字劃分，完全取決於你打算每週用幾天從事這項工作，如果你喜歡一週工作七天，那就分成七份；如果你認為五天不錯，就分成五份。選擇哪一種全靠你自己。但不論做何種選擇，結果都是一樣的，你一定要每天問問自己：「為了成功，我今天必須做什麼？」

當你開始採取這種方式後，你就能胸有成竹地奔向堅定不移的目標，日復一日，年復一年，直至達成你的夢想。

內容清晰明確的每週、每月和每年的目標，有助於你發揮個人所長，集中精力，全力以赴地完成既定工作，獲取個人的成功和幸福。且分成各個可行的小目標，能減輕你因為茫然、不知所措而產生的煩躁。

如果你對所做的事情不斷產生懷疑，那你的事情往往會做得很糟糕；可一旦你知道所做的事正好掌握了最佳時機，就一定會做得更快、更好，有更大的熱情和衝勁。

確立五年目標，並將它們劃分成可逐日完成的工作還有一個益處，它能協助你判斷是否已真正瞄準目標。

例如，你從事銷售，並決定一年內要拜訪五百名新客戶才能達到銷售額，那麼扣掉週末和連節假日，一年大約有兩百五十個工作日。也就是說，每個工作日你只需拜訪兩個人（早上、下午各一人）就可以達到目標了。

如果你真的一天拜訪兩個人，將來有一天，當你發現自己一年竟已拜訪了五百位客戶後，可能就會說：「我還可以做得更好，等著瞧吧！」

或者還有另一種情況，你發現每週五天的計畫竟只用三天半就完成了，第二個月的月底，你就已經在做第五個月的工作計畫了。所以，實施五年目標的這一做法，消除了成功那遙不可及的神秘感，徹底把它化為行動。

在工作或市場上所面臨的劣勢，就是我們要攻克的目標。每個人或多或少都會有懼怕心理，如果困難太大，很容易使我們因畏懼而裹足不前。但如果將困難劃分為階段性的具體目標，繼而有針對性地去攻破，那麼，無論多大的困難都會被我們瓦解。

很多時候，我們都沒有意識到轉型的必要性，只低著頭解決此刻的問題，認為只要撐過這一刻，一切就會過去，從沒抬頭去看看環境的變化。但事實上，當時勢在往某個方向走的時候，我們沒有辦法去改變它，只能讓自己順應著它轉型改變。

不管如何，我們的目的都是為了克服內外的困難以及威脅，所以，無論是個人還是企業，在面臨困境和變化時，我們都要力求轉型，不斷調整自己，以順利產生新的價值，重新在市場中站穩腳步。

6-4 運用優勢，善用任何機會（S×O）

優勢和趨勢讓你無懈可擊

SO指的是優勢＋機會，而這是最好的狀況！此時企業內部的優勢與外部的機會順勢結合，企業可迅速發展並壯大；但機會往往稍縱即逝，所以企業或其領導人必須非常敏銳地把握時機，以利發揮槓桿效應。通常你只能培養自己的優勢，外在的趨勢是你抵擋不了、控制不了的，所以你必須主動去配合趨勢。

美國所有的大王，金融大王、鐵路大王、鋼鐵大王、玉米大王……等等，約有三十五位大王，其中有三十三位領導人都在同個時期出生，約莫是1837年前後。現代人比爾蓋茲在二十歲時就算長大成熟，但是在18XX年代的人，大約在三十歲左右才算成熟；在1837年生的，他們到了三十歲時則是1867年，正是美國南北戰爭結束時期，大家全力往西部發展的時期。美國南北戰爭發生於1861到1865年，1866年正式停戰，結束戰爭。在發展過程中，有一批三十歲的年輕人全力為事業奮鬥、奔波，因此在各個產業領域裡，產生了很多個大王；而這就是一種時代趨勢，是你抵擋不了且控制不了的。

如果你能優勢加上趨勢，那就是不得了的事，是四種情況中最好的一個。S與W指的是自己，所謂「知己知彼，百戰百勝」，自己的缺點你一定要知道，在組建團隊，或是找夥伴的時候，盡可能地將自己的缺點補強，然後再運用自己的優點，讓自己的優勢變得無可取代。

各位想要成功，一定要知道趨勢，所有大師都在強調趨勢的重要性；所以，你要瞭解世界的趨勢、時代的趨勢是如何，也就是外界給你的機會是什麼，外界的發展是什麼。你要牢記我所講的，網路時代的三大特色：去中間化、去中心化、去邊界化；現在的各行各業已經沒有邊界了，就好像你跑馬拉松，快到終點時，突然有一群人不知從哪兒冒出來跑在你前面，這群人比你早到達終點，他們就是在跨界，因此你也要儘快跨界。

當人們使用自己的優勢時，是很有力量的，但通常你都是無意識在使用它，讓它自然地運作。可一旦你開始有意識的去使用它，並結合周遭的任何機會，它就能散發出強大的力量。

找到機會，「螞蟻」也能變「大象」

你現在可能微小得像隻「螞蟻」，但只要你主動尋找機會，就能不斷強大，總有一天將會變為力量無窮的「大象」。

誰甘心一生都只做個微乎其微的小人物？而能否找到墊腳

石，是點石成金的關鍵一環。

有一年，美國一條穿越大西洋底的電報電纜線因毀損需要更換，這則小消息並未引起人們的注意；但是，與此事毫不相干的珠寶店老闆卻沒有等閒視之，大膽地買下了這根報廢的電纜，沒有人知道老闆的企圖，只認為他一定是瘋了。

而那名老闆究竟買那條電纜要做什麼呢？他關起店門，將那根電纜洗淨、弄直，然後將電纜剪成逐一小段的金屬段，再稍加裝飾，作為紀念物出售。

大西洋底的電纜紀念物，還有比這更有價值的紀念品嗎？就這樣，他因報廢電纜線輕輕鬆鬆地發跡了；之後，他又買下歐仁尼皇后（Empress Eugénie）的一枚鑽石，淡黃色的鑽石閃爍著絕美的華彩。

人們不禁問：「他是自己珍藏還是以更高的價位轉手賣人呢？」

他不慌不忙地籌備了一個首飾展示會，大家當然會沖著皇后的鑽石而來，可想而知，夢想一睹皇后首飾風采的參觀者從世界各地接踵而至前來。

他幾乎坐享其成，毫不費力就賺了大筆的錢財，而他就是美國赫赫有名、享有「鑽石之王」美譽的查理斯・路易斯・蒂芬尼（Charles Lewis Tiffany）。

這個故事蘊涵著一個道理：無論你現在是否微小得像隻「螞蟻」，但只要你善於尋找方法，運用機會，就能不斷強大，總有一天會變成「大象」。

美國船王丹尼爾・洛維格（Daniel K. Ludwig）從他的第一桶金，乃至於後來賺取數十億美元的資產，和他善於尋找方法的特點息息相關。

當他第一次跨進銀行大門，行員看了看他那磨破了的襯衫領子，又見他沒有什麼可做抵押的東西，自然拒絕了他的申請。

他後來又到大通銀行，千方百計地總算見到該銀行的總裁。他對總裁說，他把貨輪買到後，立即改裝成油輪，他已先把這艘尚未買下的船租給了一家石油公司；石油公司每月付的租金，就用來分期償還他所借貸的這筆款項。他說他可以把租賃契約交給銀行，由銀行去向石油公司收租金，這樣就等於在分期付款了。

大多數的銀行聽了洛維格的想法，都覺得荒唐可笑，認為毫無信用可言，但大通銀行的總裁卻不這麼認為。他想：「雖然洛維格一文不名，沒有什麼信用可言，但那家石油公司的信用卻是可靠的。若拿著他的租賃契約去石油公司按月收錢，這自然會十分穩妥。

因此，洛維格終於貸到了第一筆資金，買下了他所要的舊貨輪，將它改造成油輪，租給石油公司。然後再利用這艘船做抵押，借了另一筆資金，再買一艘船。

洛維格的成功與精明之處，就在於他利用石油公司的信用來增強自己的信用，從而成功地借到錢。

藤田田也曾靠信用贏得了日本麥當勞的代理權，成為日本速食業鉅子。他曾提出一個有趣的億元儲蓄法，雖然對於一般日本人，要擁有一億日圓幾乎是不可能的，但他指出：只要最初十年每月存五萬，之後每月存十萬，最後十五年每月存十五萬元，再加上利息，三十年後就能擁有一億元了。可見，要成為億萬富翁，根本無須運氣或智慧，只要能吃苦，咬緊牙關，付出時間，誰都可以存到一億元。

藤田田真的這樣做而且還辦到了，儘管他十分清楚，從商人的角度來看，這麼做根本不划算，因為三十年的銀行利息根本抵不上貨幣的貶值。但他始終認為：克制自己，不斷自我挑戰，對養成克己習慣起了極大作用。

其實，找到方法，你也可以像洛維格、藤田田一樣，成為「億萬富翁」。無論是精神上還是物質上的，只要抓住方法、機會，就能讓許多難題變成有利的條件，為我們創造更多可以脫穎而出的資源。所以，你要注意日常中的細節，那往往潛藏著許多有利條件，主動尋找方法，發揮自身無盡的能量。

做有心人，用「三隻眼」抓機遇

我們說一個人有才能，是說他做什麼事都有自己的方法，遇到困難也不輕易退縮。而捕捉機會的才能，正是統領所有才華的才能，沒有機會是弱者逃避現實的藉口，抓住機會才是強大的開拓者。

世上多得是事業有成的人，成功之路也各不相同，但他們都有一個共同的特點，即他們做事用心，善於抓住難得的機會。

我們都知道機遇稍縱即逝，它只為有心人而準備。知名企業家張瑞敏曾說，海爾集團之所以能生存，就是因為他具備著識別機遇的眼力和抓住機遇超前發展的辦法。

關於抓住機會，張瑞敏有一個著名的「三隻眼」理論，這是他多年來的經驗之談：「在計畫經濟向市場經濟轉化時期，企業家只有兩隻眼睛是不行的，必須要有三隻眼睛。一隻眼睛專門盯住公司內部的管理，妥善地調動員工的積極性；另一隻眼睛則緊盯產業變化，策畫創新構想以符合市場需求；而第三隻眼睛用來盯住大環境的脈動及政府的政策，以便適時抓住機會超前發展。」

「三隻眼」理論有著鮮明的特徵，而張瑞敏就是「長了三隻眼睛」的企業家，是具有前瞻意識的指揮官，又是富有創新精神的設計師。

在他的統領之下，員工不斷提升產品品質，擴大市場佔有率；同時，不失時機地抓住各種稍縱即逝的機遇，將海爾集團發展壯大。

鄧小平曾指出：「改革開放膽子要大一些，敢於嘗試並實踐，不能像小腳女人一樣。」鄧小平的一段話，使「長了三隻眼睛」的張瑞敏看到了經濟大發展的前景，他始終叮囑著自己：絕不能錯過時機。因此，在鄧小平南巡演講之後，海爾集團馬上採取行動，僅用了兩個月的時間就與銀行爭取了大額的貸款，張瑞敏果斷地用較低的價格，在青島市高科技工業園買下720畝的土地，決定籌建中國最大的家電開發生產基地——海爾工業園。

在建設工業園的過程中，海爾遇到好幾次挫折，買地後不到一個月，政府要求銀行採取壓縮貸款的政策，也就是說如果張瑞敏晚兩個月做出決定，他們就拿不到貸款買地了。當時銀行共借貸2.4億元給海爾集團，不願再融資更多的金額；但正巧當時海爾集團的股票上市，因此又籌資了3.69億元，順利解決建設海爾工業園的後續資金問題。

此外，海爾工業園在投資時，抓住東南亞金融危機日圓大幅貶值的機會，大大降低了投資費用，其中光建築材料一項便省了30％資金，其他所需的設備也從日本、韓國大量進口，節省外匯約20％，真正達到低成本、高產出的效益。

而這些都表現出張瑞敏他那「第三隻眼」理論，抓住機遇進行超前的發展。在2000年4月16日開幕的世界經濟論壇中國企業高峰會上，張瑞敏曾對他的「三隻眼」理論作了新的解釋。他說，企業在發展過程中要長三隻眼睛：第一隻眼睛盯住企業內部員工，以凝聚員工的才華為上；第二隻眼睛盯住客戶，以客戶利益為上；第三隻眼睛則盯住外部環境的機會，不僅是國內市場改革開放，還有世界經濟的大機遇。因此，學會使用第三隻眼對企業來說尤為關鍵。

對於張瑞敏今天創下的輝煌，無人不為他高聲喝采，但又有多少人去探討過他成功背後的秘密呢？對張瑞敏來說，也許機會不能完全代表他今日所獲得的成功，但他的成功，絕對有著捕捉機會所立下的汗馬功勞。

職場如戰場，機遇稍縱即逝，抓住機遇你就等於站在成功的大門，但能否跨入成功的大門，就看你有沒有足夠的洞察力和足夠快捷的反應力了。

海爾集團過去的二十年正是靠著這樣具有系統性和權變性的機遇觀，在大陸多個關鍵的時機，調整公司政策實現了跨越式發展；且張瑞敏不斷地運用優勢以及任何的機會，為集團的發展創造更多良好的條件。

6-5 加強優勢，克服可能威脅（S×W）

利用優勢擴大工作半徑，克服所有威脅

ST指的是優勢＋威脅，此時體質優良的企業，碰上外部環境不佳（例如大環境不景氣），優勢無法順利發揮，受到很大的威脅及阻礙；簡言之，就是優勢不再是優勢。所以在此情況下，企業必須想方設法克服威脅，將優勢發揮出來！披頭四與Starbucks的崛起和我所經營的台灣采舍國際集團在兩岸的發展均是典範。

Starbucks 的崛起在什麼時候？它崛起於雀巢三合一咖啡包甫興起的年代，當時Starbucks並不認同這種快速沖泡即喝的咖啡包產品，認為喝咖啡需要講究氣氛，於是在咖啡業迅速竄起。

而台灣采舍國際集團是一個以圖書出版為主的企業，雖然出版是一個正在走下坡、沒落的產業，但我的作法是什麼呢？首先是企業內部要多樣化，轉型為知識服務產業，包括開設課程、出版DVD教學，更重要的是積極把市場擴展至大陸。采舍集團最大的市場放在大陸的「農家書屋」，中國政府認為居住在鄉村的人民需要讀書增添文化及學識，所以在每個鄉村設立「農家書屋」，裡面擺設著許多書籍，由關係最好的書商來供應圖書，而我的公司很幸運地在大陸取得了這樣一個機會。所以，我們做出來的書，一定賣得掉，這就叫擴大營業半徑；對於我個人來說，就是擴大工作環境；若對我們的下一代而言，就是擴大學習範圍。我的女兒到美國留學，我的兒子即將到北京唸書，他們都是在擴大學習半徑。若你未來有機會被分派到外地工作，要記住這是非常棒的事情，因為這就是擴大工作半徑，只有擴大視野，才能了解趨勢，而了解趨勢後，你才能知道如何將自己的優勢及劣勢做配合、調整，以順利克服威脅。

以我為例，我原本的強項是文字能力，所以我不斷強化這個優勢，持續地寫書、出書，好還要更好；而我的劣勢又該如何改善呢？我並不奢望能改善缺點，因此我選擇加強我的團隊，強大到能和我完全互補，也因此我的團隊不斷釋出綜效。

世界距離我們很遠，所以我們只能跨出去走向它，別無他法；我們無法決定自己的出生地，卻可以決定自己要發展到什麼地方去。人生就像革命，要改變現狀，而不是接受現狀，如果你連自己的心態和工作半徑都無法改變，便想要改變現有市場的結構以找到新機會，可說是緣木求魚。

時刻保持危機意識

威脅就像懸在我們頭頂上的一把達摩克利斯劍，使我們片刻充滿著危機，誰也無法預測它什麼時候會掉下來。為此，我們要時刻保持強烈的危機意識，不管是對公司、產業還是對大環境的市場變化，都要隨時有著一顆清醒機敏的頭腦，明察秋毫、防患未然；當危機來臨時及時、巧妙地應對，以便化險為夷。

從前有位國王叫狄奧尼西奧斯，他統治著西西里最富庶的城市西拉庫斯。他住在一座美麗的宮殿裡，裡面有著無數價值連城的寶貝，有著一大群侍者恭候兩旁，隨時等候吩咐。

狄奧尼西奧斯有如此多的財富、如此大的權力，自然有很多人羨慕他的好運。達摩克利斯就是其中之一，他是狄奧尼西奧斯最好的朋友，達摩克利斯常對狄奧尼西奧斯說：「你多幸運呀，擁有人們想要的一切，你一定是世界上最幸福的人。」

直到有一天，狄奧尼西奧斯聽膩了這樣的話語，問達摩克利斯：「你真的認為我比別人幸福嗎？」

「當然啦！」達摩克利斯回答，「看你擁有的巨大財富，握有的巨大權力，想必你一點煩惱都沒有，還有什麼比這更美滿的呢？」

「或許你應該跟我換換位置。」狄奧尼西奧斯說。

「噢，我從沒想過，」達摩克利斯說，「但若能讓我擁有你的財富和幸福一天，我就別無他求了。」

「好吧，跟我換一天，你就知道了。」

就這樣，達摩克利斯被領到王宮，所有的僕人都被引見到達摩克利斯跟前，供他使喚，他們給他穿上皇袍，戴上黃金製的王冠。他坐在宴會廳，桌上擺滿了美味佳餚，鮮花、美酒、稀有的香水、動人的樂曲，應有盡有，且又坐在鬆軟的墊子上，感覺自己是世上最幸福的人。

「噢，這才是生活。」他對坐在桌子對面的狄奧尼西奧斯感歎道，「我從來沒有這麼盡興過。」

他舉起酒杯的時候，抬眼望了一下天花板，看看頭上懸掛的是什麼？沒想到他頭頂正上方懸著一把利劍，僅用一根馬鬃繫著，鋒利的劍尖正對準他雙眉之間，只要抬頭，尖端就要觸到自己的頭！達摩克利斯的身體瞬間僵住，笑容從唇邊消逝，臉色轉白，雙手不停地顫抖。他頓時沒了食慾，也不想聽音樂了，他只想逃出王宮，越遠越好，哪兒都行。他想跳起來跑掉，可還是忍住了，他怕猛然一動便會扯斷細線，使劍掉落下來。因此，他僵硬地坐在椅子上，一動也不動。

「怎麼啦，朋友？」狄奧尼西奧斯問，「你好像沒胃口了。」

「劍！那把劍！」達摩克利斯小聲說，「難道你沒看見嗎？」

「當然看見了，」狄奧尼西奧斯說，「我天天看著，它一直懸在我頭上，說不準什麼時候、什麼人或物就會斬斷那根細線。或許哪位大臣垂涎我的權力想殺死我；或許有人散佈謠言讓百姓反對、離間我；又或是鄰國國王會派兵來奪取我的王位。如果你想做統治者，你就必須冒各種風險，風險與權力同在，這道理你懂嗎？」

「是的，我知道了。」達摩克利斯說，「我現在明白我錯了，除了財富、榮譽外，你還有很多憂慮。請回到你的寶座上去吧，我只想趕緊回到我的家中。」

在達摩克利斯有生之年，他再也不想與國王換位了，哪怕是短暫的一刻。

危機，就像是高懸在你我頭上的達摩克利斯之劍，誰也無法預測它什麼時候會掉下來；因此，作為企業跟自己的主人，我們要時刻保持強烈的危機意識，對公司、對產業、對市場保持一顆清醒機敏的腦袋，明察秋毫、防患未然。當危機來臨時，及時、巧妙地應對，以便化險為夷，這樣你或公司就可以及時避免危機的侵襲，不受威脅地生存下去了。

華為在2000年新世紀一開始，當時「網路股」泡沫破滅的寒流還未侵襲中國，中國通信業增長速度仍在20%以上的時候，當時華為的年銷售額達220億元，利潤以29億元人民幣位居全國電子企業百強首位，其總裁任正非卻大談危機：「華為的危機以及萎縮、破產一定會到來。」他在一次公司內部大會中頗有感觸地說：「這十年來我天天思考的都是失敗，對成功視而不見，沒有什麼榮譽感、自豪感，只有危機感，也許正是這樣，華為才能順利存活十年；現在，我要大家一起來想想如何才能繼續活下去，如何才能存活得久一點。失敗一定會到來，大家要準備迎接，這是我從不動搖的想法，且是歷史規則。」這篇題為《華為的冬天》的文章後來在業界廣為流傳，深受推崇。

當然，《華為的冬天》實際上並非只是華為公司的冬天。

正如在《華為的冬天》最後，任正非指點江山地說：「沉舟側畔千帆過，病樹前頭萬木春。網路股的暴跌，必將對兩、三年後的建設產生影響，那時製造業就慣性進入了收縮。眼前的繁榮是前幾年網路大漲的結果，記住一句話『物極必反』，這一場網路設備供應的冬天，也會像它熱得人們不理解那樣，冷得出奇。若沒有預見，沒有預防，就會凍死；到那時，誰有棉襖，誰就能活下來。」

《華為的冬天》帶給我們這樣一個重要的啟示——最危險的情況是你意識不到危險。在企業經營的過程中，危機總會不知不覺地到來，因此，你要預先做好準備。怎樣做準備呢？那就是時刻樹立危機觀念，對企業的不足之處加以改進，從而使企業健康、快速地發展。如果一個企業喪失了危機觀念，就好像一個人閉著眼睛開車一樣，早晚會出事。

英國的人力培訓專家吉爾伯特（Gwilbert）曾提出一個管理學上的著名法則，即「工作危機最確鑿的信號，是沒有人跟你說該怎麼做」人們將之稱為吉爾伯特法則；這句話引申到企業經營上，就是最平靜的時刻往往是最危險的時刻。市場環境瞬息萬變，危機無處不在、無時不在，從不同側面襲擊，每間企業都時刻面臨著生存和發展的危機，可能是市場環境的突然惡化；可能是領導者的一個錯誤決策；可能是部門之間的互相牽制；可能是企業內部的一次內訌，一間企業就會面臨生死存亡的考驗。作為公司的一分子，每一名員工都要時刻保持高度的警覺，對危機做到先知先覺，這樣公司這艘船才能穿過暗礁密佈的大海，順利航向成功的彼岸。

而對個人而言，任何的威脅都可能對你產生重大的影響，甚至是存亡危機；所以，我們要時刻警覺，洞察周遭隨時可能的突發狀況。

不安於現狀VS甘於平庸

「現狀」每一瞬間都在成為歷史，正如時光每一瞬間都在逝去。絕不安於現狀，是所有成功規則中的主規則，不安於現狀，保持進取的心，才是生存的根本保證。

而價值是一個變數。今天，你可能是一個價值很高的人，但如果你故步自封、滿於現狀，明天，你的價值就會貶值，被一位又一位的智者和勇者超越；今天，你也可能做著看似卑微的工作，人們對你不屑一顧，而明天，你可能透過知識的不斷豐富和能力的提高，以及修養的昇華，讓世人刮目相看。在發展日新月異的現今，只有抱著不斷超越平庸，絕不安於現狀的心態，不斷實現自我從優秀到卓越的跨越，你才能不斷提升自己，成為戰場中的常勝軍。

如果一個人沒有絲毫的進取心，只求安於現狀，那麼他的結局只能是平庸，他的人生也永遠都不會有亮點與光點。

有兩個人騎著駱駝行走在一望無際的大沙漠裡，他們的目的地是沙漠對面的一座小城鎮。他們帶了好幾壺水和好幾袋食物，足以供應好幾天的需求。

「我們應該加快前進的速度，不然可能會被困在沙漠裡。」進入沙漠的第二天，其中一人覺得走得太慢了，便對另一個人說。

「怕什麼？我們有這麼多的水和食物，慢慢走吧！」另一個人說。

原先提議走快一點的人聽了，覺得有道理，便也打消了走快一點的想法。

然而，就在當天晚上，一場沙塵暴來襲，雖然兩個人的命是保住了，但水、食物、行李都被風暴捲走了，駱駝也不見蹤影。

這下他們不能再慢慢走了。第三天，他們開始拼命地奔跑，但因為沒有水和食物，又分辨不清方向，兩人最終死在大沙漠裡。

故事中的穿越沙漠的旅人因安於現狀而埋葬了自己的生命，雖然在職場中，你安於現狀，躲在自己的舒適圈裡並不會喪失生命，但一定會永遠平庸，再也與成功無緣。

在一個青黃不接的初夏，一隻老鼠在農家倉庫裡覓食，意外地掉進一個盛得半滿的米缸裡，這突如其來的大餐使老鼠喜出望外，牠先是警惕地環顧四周，確定沒有危險之後，開始瘋狂猛吃，直到吃不下便倒頭休息。

老鼠就這樣在米缸中吃了睡，醒了再吃。日復一日，日子不知不覺地在悠閒中過去了。有時老鼠也曾想過是否要跳出米缸，內心為此也痛苦地掙扎過，但終究未能走出美味大米的誘惑。直到有一天，牠將大米吃到見了底，才發現以現在的高度要想跳出去，是怎麼也跳不出去了。

老鼠的下場在我們看來是罪有應得。不安於現狀的人雖然不一定成功，但可以肯定的是，有抱負並且努力去追求的人，一定比那些不思進取混口飯吃，只想糊口的人更容易成功，更容易成就一番事業。日本索尼公司海外部部長卯木肇說過：「傑出人士與平庸之輩最根本的差別，並不在於天賦，也不在於機遇，而在於誰能突破人為的限制！」這也是索尼公司挑選員工時的一條準則，在充滿活力的索尼公司，你絕對找不到一名自暴自棄、自我設限的員工。

一家著名企業的總裁說過，最危險的時候就是你沒有發現危險的到來。其實，每間公司、每個人，都可能隨時遭遇類似暴風雨的不可控事件，這些事件會毀掉一切，讓沒有準備的、安於現狀的人陷入絕境。

即使沒有狂風大浪，你所處的境況也時時刻刻都在變化，風平浪靜只是一相情願的夢想，某天當你從夢中醒來，你會發現原來所擁有的一切，已隨風而逝。因此，你必須時刻提醒自己要主動變化，在「現狀」變化之前就做好積極的準備，如果等「現狀」變化了再改變，那為時已晚。美國有一位叫喬治的人，就是甘於平庸的典型例子。

Case Study

兩年前，喬治在經營材料加工，替別的企業提供合金管，他按訂單要求把合金管裁成不同的長度，並加工成不同的形狀，以此賺取收入。

共有五家企業委託他代為加工，生意因而得以平平穩穩，一年能掙十來萬美元，他為此感到滿足；他覺得自己能力有限，能掙十來萬美元已經很不容易了。

但不幸的是，合金材料漲價，原先委託他加工合金管的五家公司，就有兩家停止使用合金管，改用鋁塑管，另外三家則為了降低成本，改為自行加工，不再對外委託。他一下子失去了所有的收入，經過幾個月的努力，最終仍沒有逃過停業的厄運。

更不幸的是，就在工廠關門後的三個月，喬治的女兒被醫院診斷出患了白血病，他為了給女兒治病，一下子就花光了所有的積蓄，還築起了高高的債台。且女兒的病只是暫時穩定下來，未來還要花多少醫藥費，他心裡也沒有底，過度安於現狀使他陷入了極大的麻煩當中。

上面的例子給了我們一個忠告：人們通常都有一個弱點，往往甘於平庸，不採取任何應變措施，一旦情勢變化時，發展成不可扭轉的局面，想挽回也來不及了。

究其原因，主要是人們對問題的嚴重性以及解決問題的緊迫性尚欠缺明確的認識。因此，平時就應該相互提醒、及時溝通，以防止這類的問題發生；更重要的是，你我無論何時何地，都應該要有危機感。

能走在前頭的人，總具有遠見，居安思危，即使在事業發展一帆風順的時候，也能及時發現潛在危機，並提前做好應變的準備，防患於未然，進而取得事業的成功；而甘於平庸的人，總有意無意地美化自己，對自己文過飾非，可能導致「千里之堤，潰於蟻穴」的悲劇發生。

絕不安於現狀，你才能發憤努力、積極進取，登上一座座高峰，取得進步，實現自身的價值。

不斷進取的人永遠不會被淘汰

進取是一種能力，更是一種態度，是人生最為可貴的特質之一，當一個人有了進取之心，他就會朝著自己的目標和努力方向勇往直前、毫不退縮。現今社會瞬息萬變，一個人若是不思進取，只躺在過往的成績上睡大覺，那麼無論他曾經多麼優秀，最終也將被時代的潮流所拋棄。相反，若是積極上進、奮發圖強，他的資質可能愚鈍，先天條件或許不如他人，但他仍可以憑藉著進取，培養出自己的優勢，一步一臺階，不怕困難、不怕挫折，踏實、認真地向著勝利一點一點地靠近，逐步實現自己的人生價值。

進取不僅是時代的需求，更是人們自身發展的需求。一個懷著積極進取的人生態度的人，無論對待什麼事情都不會輕言放棄，他會建立自信心，樂觀進取、積極向上，銳意進取。凡是生命不息，攀登不止，不斷進取的人永遠不會被時代所淘汰，因為他始終能跟著時代的節奏，百般求索、不斷學習，發現和解決新的問題；提出和找到新的方法；創造和開拓新的局面，贏得人生的主動權，獲得人生和事業的雙豐收。而一個不求上進、不思進取的人則永遠原地踏步，最終被他人遠遠地甩在身後，碌碌無為地度過一生。

林強畢業後來到一家生產涼茶的公司上班，技術部的事情並不是很忙，每個月除了固定的檢測之外，幾乎就沒什麼別的事情了。老闆通常也不太常到技術部來，所以大家空閒的時候，不是在一起聊天，就是各自上網看看新聞、小說和電影之類的。但林強跟其他人不一樣，他一有時間就待在實驗室裡，拿著燒瓶、量杯不停地研究。有人對他說：「你傻不傻呀？這涼茶已經是百年配方，是老闆的祖先留下來的秘方，你再著墨也沒用！再說老闆也看不到，何必那麼辛苦呢？」

林強說：「反正閒著也是閒著，在大學裡我就喜歡做實驗，這麼好的實驗室空著不是很可惜嗎？」於是他依舊忙自己的，實驗記錄和心得寫了厚厚的一本。

幾年後，老闆退休了，將公司傳給自己的女兒。這位新上任的老闆和她爸爸的理念大大不同，她不僅要將涼茶傳遍全中國，還要將涼茶推到國外去，所以急需改良新配方以符合外國人的口味。技術部一下子忙了起來，而這時林強卻悄然地走出實驗室，抱著他那厚厚的筆記，在座位上一個勁地翻閱、記錄。沒幾天，一份詳細的報告就出現在老闆的桌上，裡面分析著適合世界各個地區不同人群口味的涼茶配方。

結果可想而知，新老闆看到這份報告後如獲至寶，同時也看到了林強身上那種銳意進取、刻苦勤奮的精神。將林強從原本的基層技術人員晉升到副總經理的位置，當初說林強傻的同事才明白原來他才是公司最聰明的人。

鋼鐵大王卡內基（Andrew Carnegie）曾經說過：「有兩種人絕不會成大器。一種是非得別人要他做，自己絕不會主動做事的人；一種是即便別人要他做，也做不好事情的人。而那些不需要別人催促就會主動去做應做的事，而且不會半途而廢的人必將成功。因為這種人懂得要求自己多付出一點點，做得比別人預期的更多。」而這就是進取心，一名有進取心的人是絕不會坐等機會自己找上門的，他會千方百計地創造機會讓自己出人頭地、脫穎而出。趨勢，往往是創造出來的！林強在實驗室中所付出的努力和辛苦是常人無法理解的，支持他堅持下來的就是他強烈的進取心與企圖心。進取心是推動人生和事業不斷前進的動力，只有朝著目標堅定不移地前進，才能忍受別人所無法忍受的寂寞和辛苦，克服常人所不能克服的困難和挫折，投入全部的熱情和心血，換來認可和讚賞，同時也為自己創造了機會，開闢更光明的前程。

人生的意義在於不斷地奮鬥，就像登山運動員一樣，假如到達了某一高度就停止不前，那麼他的生命也就失去了意義。進取心是對未來更美好的追求，是期盼超越現階段自我的一種強烈渴望；進取心是天堂裡的種子，只要你不斷地澆水、施肥，讓它茁壯成長，它就一定會結出世上最豐碩的果實，讓你的人生從此不再有遺憾，讓你的事業永遠不會停頓。

所以，培養好你的核心競爭力之外，你還要懂得強化它，讓它更加成為你的優勢，使你成為佼佼者。且你還要記得把握機會利用創新，讓你的競爭力跳脫常規、展望未來；並隨時警覺潛在危機，儘管你不會被其擊倒，但也不要讓突如其來的變化對你產生影響與危害。

從今以後，千萬不要在不該揮霍的時光裡，再繼續揮霍著錯誤與悔恨！自反而縮，雖千萬人，吾往矣！

收藏大師風采，不用花大錢！

EDBA 擎天商學院係由世界華人八大明師王擎天博士開設的一系列淘金財富課程，揭開如何成為鉅富的秘密，只限「王道增智會」弟子級會員能報名學習。內容豐富精彩且實用因而深受學員歡迎，為嘉惠其他未能有幸上到課的讀者朋友們，創見出版社除了推出了實體書，亦同步發行了實際課程實況 Live 影音有聲書，是王博士在王道增智會講授「30 堂秘密系列」課程的實況 Live 原音收錄，您不需繳納 $19800 學費，花費不到千元就能輕鬆學習到王博士的秘密系列課程！

高 CP 值的 2DVD+1CD 視頻有聲書！

★內含 CD 與 DVDs 與九項贈品！總價值超過 20 萬！
超值驚喜價：只要 $990 元

EDBA 擎天商學院全套系列包括：

書、電子書、影音 DVD、CD、課程，歡迎參與——

- 成交的秘密（已出版）
- 創業的秘密
- 借力與整合的秘密（已出版）
- 眾籌的秘密
- 催眠式銷售
- 網銷的秘密
- 價值與創價的秘密
- B 的秘密
- N 的秘密（已出版）
- T 的秘密
- 公眾演說的秘密（已出版）
- 出書的秘密
- 成功三翼
- 幸福人生終極之秘

……陸續出版中

實體書與課程實況 Live
影音資訊型產品同步發行！

《成交的秘密》
王擎天 / 著 $350 元

《借力與整合的秘密》
王擎天 / 著 $350 元

《公眾演說的秘密》
王擎天 / 著 $350 元

天商學院系列叢書及影音有聲書，於全省各大連鎖書店均有販售，歡迎指名購買！
路訂購與「EDBA 擎天商學院」課程詳情，請上新絲路官網 www.silkbook.com

學習領航家——新絲路視頻
一饗知識盛宴，偷學大師真本事

兩千年前，漢代中國到西方的交通大道——絲路，加速了東西方文化與經貿的交流；兩千年後，**新絲路視頻** 提供全球華人跨時間、跨地域的知識服務平台，讓想上進、想擴充新知的你在短短的 50 分鐘時間看到最優質、充滿知性與理性的內容（知識膠囊）。

活在資訊爆炸的 21 世紀，
你要如何分辨看到的是資訊還是垃圾謠言？
成功者又是如何在有限的時間內
從龐雜的資訊中獲取最有用的知識？

想要做個聰明的閱聽人，你必需懂得善用新媒體，不斷地學習。**新絲路視頻** 提供閱聽者一個更有效的吸收知識方式，快速習得大師的智慧精華，讓你殺時間時也可以很知性。

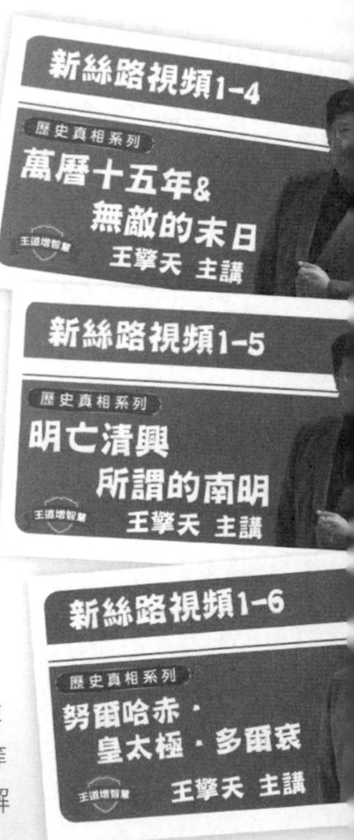

師法大師的思維，長智慧、不費力！

新絲路視頻 節目 1 ～重磅邀請台灣最有學識的出版之神——王擎天博士主講，有料會寫又能說的王博士憑著紮實學識，被朋友喻為台版「羅輯思維」，他不僅是獨具慧眼的開創者，同時也是勤學不倦，孜孜矻矻的實踐者，再忙碌，每天必定撥出時間來學習進修。在新絲路視頻中，王博士將為您深入淺出地探討古今中外歷史、社會及財經商業等議題，有別於傳統主流的思考觀點，從多種角度有系統地解讀每個議題，不只長智識，更讓你的知識升級，不再人云亦云。

每一期的**新絲路視頻 1** ～王擎天主講節目於每個月的第一個星期五在 YouTube 及台灣的視頻網站、台灣各大部落格跟土豆與騰訊、網路電台、王擎天 fb、王道增智會 fb 同時同步發布。

國家圖書館出版品預行編目資料

N的秘密 / 王擎天 著. -- 初版. -- 新北市 : 創見文化出版, 采舍國際有限公司發行, 2017.11 面 ; 公分--（擎天商學院04）
ISBN 978-986-271-786-8（平裝）

1. 企業管理 2. 成功法

494 106012612

擎天商學院04

N的秘密

創見文化 · 智慧的銳眼

出版者／創見文化
作者／ 王擎天
總編輯／歐綾纖
主編／蔡靜怡
總顧問／王寶玲
文字編輯／牛菁
美術設計／吳佩真

本書採減碳印製流程並使用優質中性紙（Acid & Alkali Free）通過綠色印刷認證，最符環保要求。

郵撥帳號／50017206 采舍國際有限公司（郵撥購買，請另付一成郵資）
台灣出版中心／新北市中和區中山路2段366巷10號10樓
電話／（02）2248-7896 傳真／（02）2248-7758
ISBN／978-986-271-786-8
出版日期／2017年11月

全球華文市場總代理／采舍國際有限公司
地址／新北市中和區中山路2段366巷10號3樓
電話／（02）8245-8786 傳真／（02）8245-8718

全系列書系特約展示門市
新絲路網路書店
地址／新北市中和區中山路2段366巷10號10樓
電話／（02）8245-9896
網址／www.silkbook.com

※本書全部內容，將以電子書形式於新絲路網路書店全文免費下載！

本書於兩岸之行銷（營銷）活動悉由采舍國際公司圖書行銷部規畫執行。

COUPON優惠券免費大方送！

2019 The World's Eight Super Mentor

世界華人八大明師會台北

創業培訓高峰會　人生由此開始改變

Startup Weekend @ Taipei

就由重量級的講師，指導傳授給你創業必勝術，
為你解析創業的秘密，保證讓你獲得最終的勝利、絕對致富

地點 台北矽谷國際會議中心（新北市新店區北新路三段 223 號）
時間 2019 年 6/22、6/23，每日上午 9：00 到下午 6：00
票價 年度包套課程原價 49,800 元　推廣特價 19,800 元
注意事項 更多詳細資訊請洽（02）8245-8318 或上官網新絲路網路書店 www.silkbook.com 查詢

★★憑本票券可免費入場★★
6/22 當日核心課程或
加價千元搶先取得 VIP 席位
擁有全程入場資格

入場票券

全球華語講師聯盟　采舍國際　silkbook.com

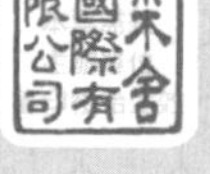

The Asia's Eight Super Mentors

2018亞洲八大名師會台北

入場票券　■6/23　■6/24

（憑本券 6/23、6/24 兩日課程皆可免費入場）
推廣特價：19800 元　原價：49800 元

❶ 憑本票券可直接免費入座 6/23、6/24 兩日核心課程一般席，或**加價千元入座 VIP 席**，並獲贈貴賓級萬元贈品！
❷ 若 2018 年因故未使用本票券，則可於 2019、2020 年任選一年使用。

更多詳細資訊請洽 (02) 8245-8318
或上新絲路網路書店 silkbook.com
www.silkbook.com 查詢！

CP 值最高的創業創富機密、世界級的講師陣容指導業務必勝術，讓你站在巨人肩上借力致富，保證獲得絕對的財務自由！

時間：2018 年 6/23、6/24 上午 9:00 至下午 6:00
地點：台北矽谷國際會議中心（新北市新店區北新路三段 223 號）捷運大坪林站

全球華語講師聯盟　采舍國際

采舍國際集團